建筑施工图设计入门

INSTRUCTION TO ARCHITECTURAL CONSTRUCTION DRAWING DESIGN

沈东莓 著

机械工业出版社
CHINA MACHINE PRESS

本书以作者研发的建筑施工图设计课程为基础，筛选新人上岗急需的内容，旨在填补高校教学与实际工作应用衔接的空白，立足工作岗位的用人需求，使毕业生顺利胜任施工图设计人的角色。本书采用"情景式＋补给式"教学，内容编排采用学生视角，针对实际应用排序，与工作进度同步，重在引导学生带着问题主动寻求答案。围绕"设计"核心，强化原理，使学生不仅"知其然"，更"知其所以然"。核心精华内容配有链接视频讲解，丰富、优化学习体验。本书特别适合作为建筑系高年级学生的就业前培训教材。另外，工作5年内的职场新人，工作多年但缺乏施工图基础训练、工作遇到瓶颈的建筑师也可将本书作为入门学习指南。

图书在版编目（CIP）数据

建筑施工图设计入门/沈东莓著.—北京：机械工业出版社，2023.12

ISBN 978-7-111-74580-8

Ⅰ.①建… Ⅱ.①沈… Ⅲ.①建筑制图 Ⅳ.①TU204.2

中国国家版本馆CIP数据核字（2024）第024359号

机械工业出版社（北京市百万庄大街22号　邮政编码100037）
策划编辑：赵　荣　　　　　责任编辑：赵　荣　关正美
责任校对：杨　霞　张　征　　封面设计：鞠　杨
责任印制：常天培
北京机工印刷厂有限公司印刷
2024年5月第1版第1次印刷
184mm×260mm·14印张·251千字
标准书号：ISBN 978-7-111-74580-8
定价：79.00元

电话服务　　　　　　　　　网络服务
客服电话：010-88361066　　机 工 官 网：www.cmpbook.com
　　　　　010-88379833　　机 工 官 博：weibo.com/cmp1952
　　　　　010-68326294　　金 书 网：www.golden-book.com
封底无防伪标均为盗版　机工教育服务网：www.cmpedu.com

前　言

　　施工图设计是一项工程从图纸变为现实的必经阶段，也是建筑系学生从课程设计向实际工程过渡、提升实际工程方案能力的必经之路。"培养建筑师应当如同培养临床医生一样，没有扎实的施工图基础实操训练，在职业上升通道上就会寸步难行"是行业前辈的共识，也是许多走过弯路的"师兄""师姐"的惨痛教训。

　　本书针对当前出现的一些建筑设计教学与实际工作脱节的情况，针对毕业生缺乏施工图基础训练导致的其上岗后难以适应实际工作，又找不到师父带的窘境，以作者近期研发的建筑施工图设计在线课程为基础，筛选出新人上岗急需的内容，旨在填补高校教学与实际工作应用衔接的空白，立足工作岗位的用人需求，使毕业生顺利胜任施工图设计人的角色。

　　本书采用"情景式＋补给式"教学：内容编排采用学生视角，彻底摒弃"填鸭式"灌输，不求全面系统，而是针对实际应用排序，与工作进度同步，类似学开车——先开起来，用什么教什么，够用即可，重在引导学生带着问题主动寻求答案，避免其产生恐惧厌烦的情绪。围绕"设计"核心，强化原理，使学生不仅"知其然"，更"知其所以然"，培养独立思考、举一反三、主动发现问题并解决问题的能力。核心精华内容配有链接视频讲解，充分发挥文本的系统、直观与视频的动态、立体优势，丰富、优化了学习体验。

　　本书特别适合作为建筑系高年级学生的就业前培训教材。另外，工作 5 年内的职场新人，工作多年但缺乏施工图基础训练、工作遇到瓶颈的建筑师也可将本书作为入门学习指南。

目　录

写在前面的话

——当下建筑系毕业生该何去何从

1. 当毕业生开始实习，建筑师仍是令你心动的职业吗？

2023 年初，网络职场真人秀节目《令人心动的 offer》第四季聚焦实习建筑师，引起业内年轻人的不少关注。在当前行业背景下，建筑系名校的优秀毕业生是怎样的心态？带着这样的好奇，我看完了真人秀节目全程内容。首先，年轻人对设计的热忱令人感动。此外，当今毕业生普遍软件都非常熟练，三维建模造型能力很强；国外留学生在表达能力和自信度上明显高于国内毕业生，典型代表就是金子（李金颐）。我印象最深刻的是每当有机会外出实践，无论是场地调研还是工地参观，当同学们看到实际的建筑，感受真实的尺度与空间，就像被放出笼的小鸟，尤其是有机会亲手解决一些工地施工中的细节问题，甚至最终建成了自己设计的构筑物，表现出的兴奋劲儿比模拟竞赛中标还有过之。在节目后半段，当实习生们听说有机会接触超高层、机场这样的大项目时，个个摩拳擦掌准备大干一场的样子，但之后老师们说他们要参与的只是车库、卫生间等细部设计，同学们脸上都挂着难掩的失望。作为一名资深建筑师，我倒觉得这些实际的工作才是实习生该学的。果然，同学们在测量和调研过程中发现了不少真实工程存在的设计缺陷，比如从汽车坡道与车库的连接位置转弯困难、车库行车路线标识不清等，设计好不好，一用便知。同学们的兴趣和求知欲一下就勾起来了，设计成果都进步了一大截，似乎一夜间就成熟了许多。一方面缘于从使用者的体验出发做设计，有的放矢；另一方面，评价标准更加客观，同学们能得到更实在的收获。

在我研发的课程中就让学员去实地考察、测量及评价，比如楼梯间设计，结果表明，学员的学习热情和参与度都很高，学习效果也非常好，很多同学始终无法想象楼梯间地上地下分隔墙的空间形态，下楼看看自己所在办公楼的楼梯间立刻就明白了——从实践中学习简单，直接而高效。遗憾的是，无论国内还是国外的建筑系教育，学生在校期间接触实际工程的机会都太少，而学生越早越多地接触实际工程，无疑对其就业有巨大帮助。比如，有多家知名事务所和设计院实习经历的杨希言设计思维方式就明显比其他同学成熟。而像我一样的"建二代"，从小就在设计院大院长大，亲身见证了建筑师的工作状态和设计行业的发展变化，从小就知道建筑师是做什么的，甚至才上小学、没人教就能帮着画图了！所以不会对建筑师职业和设计工作存在不切实际的幻想。很多职业传承如中医、艺术家、工匠手艺人其实都是如此，二代的成长并不是靠大学教育主动学习的，而是从小十几年的熏陶、被动灌输进潜意识的。一个朋友告诉我，她曾在听过我父亲讲课后问他："您是如何教自己女儿的？"我父亲的回答是："她不用教……"

节目结尾，内秀的温州才子陈国恩居然放弃了 offer, 准备回老家考公务员不免令人有些意外和惋惜……但却折射出非常现实的问题：在当下严峻的行业与就业形势下，建筑系毕业生该何去何从？如果建筑师仍然是令你心动的职业，作为刚入行的新人，什么才是快速提升的正确路径呢？我的答案如下。

2. 当下需要什么样的建筑师？

如今房地产热潮已退，建筑市场长期积累的问题被充分暴露。而"内卷"的本质是竞争淘汰，对于真正专业素质过硬的建筑师却是机会。房地产项目数量大幅减少的市场才应该是常态。和过去相比，感觉上是建筑设计不好干了：首先，之前靠地产项目盲目扩张的设计企业和透支技能的建筑师更易被淘汰；其次，简单的住宅项目少了，公建、改造这些高难度的项目一般水平的"玩不转"；再有，即使国企大设计院靠方案也很难挣到设计费，承接施工图使项目建成落地才能签合同、有收入。眼下任务量大不如前，企业缩减成本是当务之急。

从企业人力成本角度来说，老人薪酬高、动嘴多过动手；新人待遇要求也不低，干活一时还上不了手；最缺的永远是中间骨干——不用教的干活主力。

大多数设计单位在前 20 年的市场竞争中已经形成了方案与施工图分离、流水作业的工作模式，新人能做的要么是去方案组利用软件优势做造型，要么是进入施工图组成为施工图设计人。如果在方案组，仍会重复学校里的假题模式，设计一直停留在图纸上，几乎接触不到实际工程，几年下来会发现几乎没有什么进步；如果进入施工图组，则有望从实际工程积累开始循序渐进，打好基础，将来发展路子更宽，唯独要面临的困境是没有"免费"师父带。所幸现在网络发达，要找培训机构和课程比以前要方便得多，无论将来发展如何，提前开始参加施工图培训保住饭碗是底线。

3. 建筑系毕业生该如何规划职业未来？

（1）要不要转行？

多数人在选择大学专业上都是盲目的，或不知道自己喜欢什么，或受家长影响，或从众跟风，或对专业存在认知误区，比如外行人分不清建筑、土木、工民建、环艺有什么区别……因此，报错专业、入错行很常见。如果在校期间发现，转系还比较容易。如果毕业了、甚至工作了一两年发现建筑设计自己不适合、不喜欢、不擅长，而且需求量变少了，要不要转行呢？

我曾经做过不少职业规划的咨询，有学建筑但想转行的，也有非建筑系毕业却酷爱设计、想自学建筑的，不禁感叹职业选择也是座围城，不能一概而论，要结合社会所需、个人所长及个人喜好综合评估。

比如一个女生在国外读了 5 年建筑设计，又回国在明星事务所实习了 4 个月，但实习结束没有选择转正，对建筑行业充满迷茫。我了解到她本身选择建筑系就不是自己的意愿，她所擅长和喜欢的是写作，性格开朗好交朋友，活脱脱一个"社牛"，短期内又没有经济负担。这种情况完全可以做与建筑相关的非设计工作，比如建筑媒体，而且她恰巧在大学期间也有经验。

对于非建筑系毕业想转行设计的就需要付出多一些，我的那位咨询者天赋其实不错，自己也利用业余时间找老师学过表现技法，果然兴趣是最好的老师和动力！她也曾有机会去大设计院实习，无奈非应届毕业生，所以未能如愿。鉴于业内形势，我给她的建议是一定要拿到建筑相关学历，才能争取更多机会。

总之，如果确定自己对建筑没兴趣、不擅长，本着尊重天性的原则本人建议转行。至于怎么转、转向哪里，是比"要不要转"更需要慎重思考和研究的，避免再次陷入从众跟风的误区，轻易选择考公、创业、进大厂，而要切合自身目标和现实需求去规划和重新学习。

（2）什么人适合考研？

工作难找，不少用人单位比如大国企，硕士是门槛，许多人会自然得出"研究生是本科生的升级版"的结论，于是一窝蜂去考研。目前北京的硕士、博士生数量已经超过了本科生，这是不正常的！两三年后这些研究生又该如何就业呢？其实从教育培养目标来看，本科生主要是面向就业的，而硕士、博士则是面向高校、科研等机构，培养研究型学术人才的。所以若论工作能力，硕士、博士没有优势，这一点至少在建筑设计领域已经被广泛证实。那么为什么有些大厂还是只招研究生呢？

学历是多数单位人事部门评定毕业生最简单的客观指标，而站在用人单位视角，更高学历是否意味着更高水平其实单位也无法保证。内行人都清楚，建筑设计和临床医学类似，实践积累必不可少，实践越多才越有就业优势。一个真正渴求人才的单位，通过一定的考试、测试、实习、推荐等手段是可以筛选出高能力人才的，不会只看重学历。

从社会视角看，我国的高等教育目前生产的"产品"——大学生时常与需求不匹配，必然"销路"不好。所以，如欲提升能力，应该继续去经过市场竞争脱颖而出的学校、老师处学习，才能学到真本事。

综上，对于有事业心又喜欢学术研究（比如建筑史研究）的毕业生，可以考虑继续考研；对于喜欢设计、想出作品的毕业生考研就耽误前程了；真想长本事就去找好老师。

（3）认定建筑师职业，如何提高竞争力？

其实前文已经给出了答案——早实践、多实践、全方位实践，从施工图训练开始，积累实际工程经验。抱着学徒心态，把自己当作实习住院医生，从各个专业、岗位、项目汲取营养，找好老师、好师父虚心求教。实践积累的过程就像是收集一个个拼图块，看似松散，一旦数量足够、拼接完整就是量变到质变的飞跃。本书中有专门章节介绍学习施工图设计的方法。

笔者同时具备复杂项目实践和线上、线下培训的丰富经验，并出版过设计方法著作，均颇受好评，能够换位思考，真正解学生之惑，不仅传授知识，更关注思维方式的培养，相信一定能助你在职业成长道路上事半功倍！

非常欢迎各位读者、同学如果有任何疑问和建议，随时联系我，让我们共同成长！

第一篇 为什么学

第一章 破解施工图设计的认知误区

第一节 施工图设计不如方案设计"牛"吗

一、师兄师姐掉过的坑

🌀 案例一："造型反复改，领导永远不满意"

面对目前建筑设计行业严峻的就业形势，近期来找我咨询职业规划的人越来越多，大部分都是刚毕业或工作时间不长的新人。比如一位毕业两年的男生，一直只做学校项目方案的造型，常常多次修改领导就是瞧不上，让他备受打击，即使换了一位领导情况依然没有改善。经了解，我发现他对建筑功能所知甚少，尽管学校是公共建筑中比较简单的类型，但立面设计还是有些原则要遵守的，这些原则就是"是否合理"的评判标准，比如落地玻璃甚至玻璃幕墙就不适合。我告诉他，毫无原则和限制地做设计，修改必然也是无穷无尽的，因为没有评判标准每个人都可以主观地挑毛病。"适用、坚固、美观"就是重要的评判标准，遵守法规、造价经济也是评判标准，方案的设计和评价都是遵循先及格后优秀的顺序，满足功能合理是及格线。如果只做造型工作，不懂功能，设计都没道理，有什么理由抱怨别人挑刺呢？

🌀 案例二："刚毕业一直做方案，心里总是虚，直到做了施工图有底了"

在一次咨询会上，一位工作十年的建筑师分享了她的成长经历。刚毕业的几年也是只做方案，没做过施工图，除了花哨的造型，功能基本不懂，也没人问、没有师父带，后来索性回避不问了，但毕竟自己不懂，所以心里总是发虚。几年过去，发现完全没长进，直到主动转去施工图组，才觉得真正学到了东西，有了长进，心里踏实了。

　　走过以上"弯路"的师兄师姐不在少数，有的自我觉醒了，多数则蹉跎了数年还不知道问题出在哪儿。

二、警惕美丽陷阱——实习生当"主创"

1. 实习生当主创 = 实习医生当主刀？

　　我们去医院看疑难杂症，都会想方设法挂专家号，有人会特意挂实习医生号吗？当然不会！为什么？实习生没经验啊！然而大多数设计企业管理者恐怕未曾意识到，让没有经过实际工程训练的实习生独立做方案，与实习医生主刀做手术无异！难道管理者不知道实习生的方案不成熟吗？当然知道！但在激烈的市场竞争下，决策者很容易陷入"过度希望导致相信"的心理误区，他们太希望凭借实习生的一招鲜异军突起，征服业主，拿下任务，因为这样投入最少。于是高度选择性接收信息，只接收那些业主对造型的意见。业主只能评论造型，是因为他们不懂功能。而实际上方案评审主要还是看内行评委的意见，如果功能完全行不通，业主也不敢用。而如果功能及格，造型不够抢眼，方案很可能被采纳，同时要求修改造型，或干脆把对手的造型嫁接过来。这时，没有功能支撑的造型不就是为他人做嫁衣了吗？

2. 只有少数建筑以造型取胜

　　建筑功能是设计中最基本、最重要的部分，对大多数类型建筑来说占到70%~80%，造型只占到20%~30%。只有极少数功能单一的建筑是以造型取胜的，比如体育馆、剧院、临时展览、交通场站等。这些建筑的共同特点是功能单一，但体型尺度庞大。这样的建筑给人的第一印象很震撼，令建筑师望而生畏，以为很复杂，但其复杂只是在结构专业上的大跨度，而建筑功能因为单一，反而简单，可谓是"纸老虎"。曾经有做体育专项设计的同事开玩笑说"体育建筑就是糙"，不是没有道理。而我们从出生到死亡，工作、生活中所接触使用到的建筑，比如住宅、医院、学校、办公楼、商业、旅馆等民用建筑，以及工业厂房，绝大多数都有比较严格的使用功能要求，不同功能要求对应不同尺度空间及空间关系，而且还要受到造价等因素限制，造型就不可能过于随意。

视频详解：只有极少数建筑以造型取胜

3."主创"头衔好听，却是美丽陷阱

前面讲过设计的本意是做计划，建筑设计方案如同旅行计划、手术方案一样，是实施的指导。试想：一个没有做过手术的实习医生制定手术方案、一个没有徒步经验的旅行者带领一众游客进入深山老林将会有多大风险……无法预判工程建设未来要发生的事，如同行车看不懂交通标识、不会观察路况和车况一样，做方案的每一步都可能为实施埋下"地雷"，比如：

（1）设计条件是否齐全？

（2）面积指标算全了吗？

（3）柱网根据什么确定？

（4）层高根据什么确定？

（5）车位不够，是指标问题还是设计问题？

（6）电梯数量如何确定？

（7）核心筒如何布置？

（8）消防有哪些要求？

（9）如何给机电结构专业留余地？

（10）结构、材料、构造能否实现立面造型？

（11）功能、造型、构造、专业、法规怎样协调成本最低？

以上问题你在做方案时考虑过吗？如果没考虑过，现在你能回答吗？如果不能回答，你的方案在未来实施过程中将存在巨大风险。

视频详解：实习生做方案步步是坑

实习生由于没接触过实际工程，思维约束少，这是优势，站在设计单位角度，我主张要把握发散与控制的平衡：实习生可以发挥造型想象力，但必须在总工或有经验的建筑师带领和指导下参与方案设计，而不能完全放手，完全不顾功能，甚至赋予其"主创"的头衔，这样既不利于实习生的个人成长，对单位的信誉也不负责任。对于实习生来讲，能在前辈师父手把手指导下参与实际工程，才是最快的成长途径。希望从我这本书开始，能帮助未来的建筑师重新找回正确的发展方向！

4. 提倡学徒制

我父亲1955年参加工作，分配到北京建筑设计院，曾经是当年几大总建筑

师——赵冬日、张开济、张镈前辈"争抢"的助手，后来被赵冬日总建筑师留在身边，还连升了三级工资。我现在讲课教给大家"先算后画"的方法，就是父亲从张镈总建筑师那里学到的。（图1-1）

图1-1 父亲寿震华年轻时与张开济的合影

我上大学时，父亲在设计院担任总工，每次接到任务，都是亲自带领年轻建筑师做方案，指导思路、分析优劣，绝不会放手不管方案，只审施工图。那些年，设计院在父亲的带领下，项目特别多，还在中国银行总部大厦的竞争中击败了多家头部老设计院，得到与贝聿铭先生合作的机会，清华大学、天津大学等著名建筑系的学生特别热衷去我父亲所在的设计院，因为项目多、有挑战，还有我父亲的指导，进步特别快。我放假时就去办公室和这些哥哥姐姐一起实习，他们日后都是业内的佼佼者，我自己则在28岁时担当了20万平方米综合体——北京金融街丽思卡尔顿酒店及购物中心的设计主持人之一。

建筑师没有天才，都是一步一步实践积累出来的，学徒制是公认的专业技术人员（手艺人）最好的锻炼传承方式，演艺、临床医生、高级技师/技工、设计都是如此。著名的协和医学院遵循的就是学徒制。老专家给我们问诊时，旁边经常会跟着几个年轻的实习大夫。他们跟着一线前辈师父要学习的不仅仅是医术，更重要的是学习如何行医，这是书本上学不到的。只有亲历一个个真实案例，才能对职业、对患者、对治病这件事有更切身的体会和认知提升。

三、施工图训练与方案能力的关系

1. 施工图设计不如方案设计"牛"吗？

施工图设计不如方案设计"牛"吗？回答这个问题之前我先问问你：教练和冠军谁更牛呢？冠军当然牛，但是哪个冠军背后没有几个大牛教练甚至教练团队呢？同理，施工图是教练，方案是冠军，你说谁更牛？

首先定义我们这里所说的方案能力是及格线，即基本满足功能，合理合法，可行。可行性如何判断？主要是不存在硬伤，无法执行的风险小。

我们看病找老专家，为的就是他们有经验——经历过、体验过足够数量的案例，总结出了规律，能预判风险，能早期规避。就像我们开车，你看见前面有个减速带，提前减速，轧过去就不会很颠簸，因为有预期。但如果没看见，正常速度轧过去，就会吓一跳，如果是乘客正在喝水有可能就呛着了，因为脑子来不及反应。

一个没有比赛经验的运动员，平时训练成绩即使已经打破世界纪录也不能成为冠军。教练对运动员最大的作用就是"预知"未来，以赢得比赛为目标对运动员展开有的放矢的训练。这就是为什么很多教练都是运动员出身，他们经历过没有比赛经验到比赛冠军的过程。

建筑师的方案经验从何而来？当然是实际工程的积累，主要是施工图设计的训练。学校里做的方案练习都是不考虑现实约束条件的，只是纸上谈兵，训练构思，不对结果负责。实习生只有通过施工图的实践，才能建立实际工程存在各种修改、反复、多方协作、博弈与妥协的认知，懂得要为建造、实施、运营使用负责任。一个人是否要为自己行为的结果负责，决定他将如何采取行动。如果实习生能够亲身经历他不成熟的方案后期多诘的命运，再有机会做方案时，就有了风险意识。好比设计战斗机的工程师，亲眼看见试飞员坠机身亡，要承受多大的罪恶感和心理压力！如果没有现实的约束，想象力就会失去平衡，变成空中楼阁，无法实现。通俗地讲，就是永远浮躁、飘忽，不落地，无法进步。因此，施工图训练是提高方案水平的必修课，施工图和方案两个阶段的工作是一脉相承的，不存在比较和竞争关系。

2. 施工图训练量与方案能力的关系

施工图设计是建筑变成现实的必经过程，施工图训练又是提高方案水平的必修课，那么如果一直做施工图设计是不是更好呢？并不是！施工图训练量和方案能力是抛物线关系，过少或过多都不利，见图1-2。我们这里所说的经验，一定是能举一反三，一辈子只做住宅还没搞清楚几个房间应有的尺度，这只能算经历而已，不能称为经验，因为只知其然，不知其所以然。

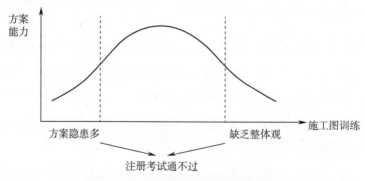

图1-2　施工图训练与方案能力的关系

那么施工图的训练量多少合适呢？这个标准因人而异。一般来讲，能够担当较复杂公共建筑工程主持人，或通过了一级注册建筑师考试，说明具备一定的全局观和抓重点的能力，这时再做方案应该心里基本有底了。以我个人的经验，如果拿到一个没做过的类型建筑，也能有章法、有步骤、从容不迫，知道如何查资料、找数据，把新功能融入基本设计方法中，就说明确实掌握方案设计规律和本质了。

我本人第一次接触医院项目时室主任就以为我做过，为什么？因为我具备整体宏观思维的优势。我发现医院与我做过的旅馆有很多相似之处可以类比借鉴，新旧程度三七开，其70%遵循公共建筑设计规律，30%是医疗特性，只要有案例，很容易掌握。我在三天内重点看了几套建成医院图纸，很快就掌握了医院建筑最难点——医技部分功能布局基本规律。而且，在独立完成了一个5万平方米医院的改扩建项目之后，还发现了医院专项设计套路中很多可改进之处，并进行了总结，详见《轻松设计——建筑设计实用方法》一书。

一名成熟的建筑师理想的工作模式当然是自己做方案，再自己主持将其变成现实，可惜我工作二十几年也没遇到这样的机会。但这不妨碍我们通过不同的项目同时积累施工图和方案的经验，提高综合能力，融会贯通，使我们变得更加成熟，一旦有机会挑大梁不至于掉链子。

四、项目建成才算业绩

我们去各地旅行，尤其是城市观光的对象是各个历史时期的著名"建筑"，而不是著名"建筑方案"。建筑只有从设计到建成，才能成为"建筑"，方案如果没有变成现实，就像一个夭折的婴儿一样，除了设计者，世人不会知晓。反过来，当一个建筑出名了，人们才会津津乐道其设计创意和设计者的八卦，比如悉尼歌剧院：如果伍重的草图没有被从垃圾桶捡回来，并且经过十几年、耗费了巨大的人力和资金投入变成现实，那么世人永远不会知道这个故事。

为什么我经常告诫学员悉尼歌剧院的案例不可复制？这样一个偶然诞生的地标建筑从竞赛到建成到底发生了什么？建筑师本人又经历了什么？是不是如很多人想象中那样，建筑师风光无限、一夜成名呢？相信读者了解了它的建设过程之后会有所启发。

视频详解：悉尼歌剧院设计建成过程

从现实角度讲，我们评职称、考注册需要业绩。业绩是对责任的回馈，保障建筑建造完成、投入使用，是建筑师应尽的责任。

（1）一个建筑设计方案即使得到众多专家的赞赏，但最终未能实施是不算作设计者业绩的，只有当项目建成了，在施工图图签（图1-3）上签字盖章的负责建筑师才能将其作为自己的业绩。

（2）如果一个项目的方案和施工图不是同一家单位或同一个建筑师负责，那么在评职称、考注册时这个项目只会算作施工图主持人或专业负责人的业绩。

（3）如果一名建筑师长时间只做方案而不参与施工图设计，那么评职称时就没有业绩。

项目负责人		
审定人		
专业负责人		
校审人		
设计人		
会签栏		
建筑		给排水	
结构		电气	
暖通			

图1-3 施工图图签签字栏举例

我们常说"养"大于"生"，生娃易，教养难。一个项目方案设计最多占到30%（从设计费分配上也能印证），而且好方案能否被实施还有运气的成分，最大的工作量在施工图设计，大约占60%，要靠建筑、结构、设备、电气、预算等多专业共同协作，仅建筑专业就不但要完成包括总图、平立剖面的深化、大量详图、构造设计、装修设计等本专业设计工作，还要与其他专业配合，以及与园林景观、幕墙、工艺、电梯等供应商对接，并审核专项设计。另外，还有大约10%的施工配合工作量，其实是在施工图设计过程中穿插进行的，包括设计交底、设计变更、材料进场审核、编制招标技术文件、验收、竣工图等，最终一个建筑才能投入使用。10万平方米公共建筑方案设计一个人一个月就能出个图册，就算完成，但从施工图设计到竣工落成则需要一个由多专业、多单位组成的大型团队，几百、几千张图纸，几百人，数年才能完成。

小 结

（1）实习生当"主创"，才不配位，是个美丽的陷阱，很多师兄师姐都掉进过这个坑。

（2）毕业后在经验丰富的建筑师指导下进行几年的施工图训练——这种学徒制是实习生快速成长为合格建筑师的最有效途径。

（3）如果说方案能力是冠军，施工图实践就是培养冠军的教练，一定量扎实的施工图训练是提高实际工程方案水平的必修课。

（4）项目方案未实施不算建筑师的业绩，唯有建成才可算作施工图上签字盖章的工程主持人或专业负责人的业绩。

❓ 思考题

1. 你身边的朋友如何看待施工图设计和方案设计？

2. 大学毕业前，你是否接触过施工图设计或参加过施工图实习？有哪些体会？

第二节 施工图设计等于画施工图吗

一、建筑师是怎么变成"画图狗"的？

1. 两段对话

当前国内普遍存在着就业与招聘两难的局面，我们设计行业也不例外。一般来讲，用人单位更愿意招有一定工作经验的，因为他们大多看到的是新人的缺点——上手慢，要从头教，感觉增加了培训成本；但我在做工程主持人的时候反而更喜欢用实习生，我更看重他们的优点——一张白纸，可塑性强。因为我在实践中发现，与纠正一个满脑错误"经验"、工作又不负责任的助手相比，培训"一张白纸"要容易得多，他们像是一个空杯，吸收接纳很快，综合成本反而低。心理学研究告诉我们，存在于潜意识中的观念、习惯要想改变非常困难，因为大多是童年、青少年时期形成的，或是成年后反复强化的结果，而人的意识对于外界输入的信息会像门卫一样进行检阅，也许表面上接受了不同意见，但经意识门卫检阅之后发现与自己潜意识中固有观念有冲突，最终会反弹出去，不会放进潜意识，也就不会变成自觉的行为。下面两个例子就是典型的两种代表。

对话一："我不动脑子？"

有一次我给一个工作5年的建筑师审楼梯详图，发现了楼梯剖面的剖切号方向和绘图方向相反。这是个基本的制图问题，如果自查不难发现，改起来也很容易，最简单的就是把剖切号的方向改成与剖面一致。在我看来，每个人把自己的图纸交出去校对、审核之前都应该自查，这是对自己的工作负责，也是对别人的尊重，让总工、审定去查这种制图和投影错误，实在是浪费别人的时间。对于一个"有经验"的建筑师，这是不该犯的错误。于是我给他指出错误时不太客气，跟他说画图得用心、动脑子。他的反应非常激烈："你说我不动脑子？"还去找领导诉苦，让当时的我非常无语。

对话二："电梯数量如何确定？"

一次，有几个同班同学一起来我们单位实习，一个其貌不扬比较内向的男孩分到了我的项目，他上班时很少聊天，只顾认真画图，对每个同事都很有礼貌。一次我给他讲评完他的电梯详图，他问我："沈工，电梯的数量在做方案时怎么确定？"我听了既感到惊讶又非常惊喜，这说明他不仅在画图，而且在思考，一定是自己在学校时做方案就遇到过同样问题，但并没有得到老师准确的答复，但他并没有就此忽略，来设计院实习时有机会就再次提出来了。我首先对他提出的高质量问题给予了肯定，然后给他详细解释了电梯数量如何计算的原理。

同样是施工图设计，有些"老油条"总想混日子，但有些实习生却非常用心，这两个人将来谁会成为"画图狗"？相信读者一定能做出明确的判断。

2. 两个出错率 99% 的错误设计

◆ 案例一：卫生间错误知多少？

卫生间的设计无论在方案还是施工图阶段都可以算是最小、最简单的建筑单元了，然而实践中发现仅仅几平方米大、三四件洁具，设计错误却非常多，也许你会觉得不可思议，但现实中这些错误非常普遍，以至于大家已经到了习以为常、见怪不怪的程度。这里只举两个简单例子，详细讲解会放在后面关于卫生间设计的章节中。

错误 1：马桶的位置有什么讲究？

错误 2：镜前灯为什么无法把脸照亮？

◆ 案例二：屋面排水坡度你会算吗？

两个斜面相交的交线平面投影是多少度？这是中学几何的题目，但假如随机抽查大学毕业建筑师所画的图纸，几乎很难发现画对的，屋顶平面的做法是交不上圈的，你相信吗（图 1-4）？不知道从什么时候开始，屋顶平面普遍都不标建筑标高，只标个"最薄处 30，找坡 2%"，懒到自己的建筑标高都不去计算的程度，导致现实中确实出现过因屋面做法太厚压垮屋面的事故。

那么屋面排水坡度为什么是 2%？正确的屋面排水坡度该如何表示呢？

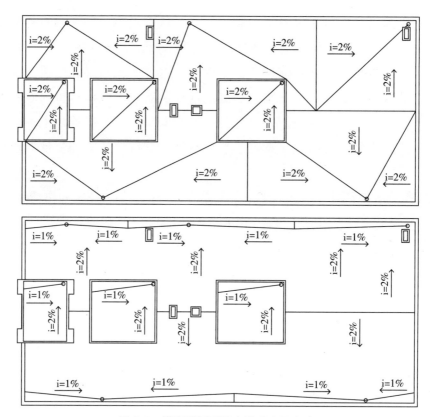

图 1-4 错误的屋面排水坡度表示方法

3."画图狗"暗示会成真?

从你自称"画图狗"的那天起,你在工作中的一切行为都将不知不觉地受这个负面暗示所指引,朝着不求甚解、应付偷懒、得过且过的方向开始堕落,用不了多久,你会发现自己终于名副其实了。相信这一定不是你所期望的,所以从现在开始,请把注意力放在努力提高技术水平上,积极的目标将使你更快成长。

二、画图与设计的区别

1.绘图员

我小时候在设计院大院长大,设计院的孩子经常放学后去父母办公室写作业。记得有个长得很清秀的小姐姐就坐在妈妈对面的画图桌旁,她不是建筑师,是描图员,在设计院电大学习制图。在那个手绘图的年代,设计院里有很多像这个小姐姐一样的描图员，他们没上过大学，也不会设计，多是职工子女，学学制图接替父母岗位，算是有个饭碗。

20世纪90年代，计算机绘图刚刚兴起，互联网速度也很慢，1998年我实习的时候参与贝聿铭先生的北京中国银行总部大厦项目的施工图设计，发现美方发来的电子版图纸从排版、层设置、图幅到字体、线型、图块、颜色等都极其统一，就像出自同一个人，据说他们那边是有专职绘图员的。我工作二十多年，这套电子版图纸是我见过最好的，没有之一。

在计划经济、手工制图年代，项目规模小、功能简单、效率比较低、工作周期长、修改也相对少，专职绘图员作为熟练工种，只管画图不懂设计，反正大家工资差距不大，给低学历者多个可有可无的就业机会对建筑师算不上威胁；计算机绘图初期普及程度还不高，一些中老年建筑师、工程师学软件比较慢，还得指望年轻人帮忙把草图转化成电子版，专职绘图员在这个过渡时期也有一定价值。他们只负责单张图纸的图面表达，不参与整体设计，行话讲就是不管是否交圈。因此，必须在建筑师指导下绘图，图纸内容、尺寸是否正确和交圈得建筑师审核及负责。

现在国内大多数设计院都没有专职绘图员，AutoCAD计算机绘图对于在校大学生都已经是必备技能，甚至3D建模的高手都并不罕见，专职绘图员已经没有存在的价值了。如同计算机没有出现之前的打字员，当计算机普及之后，写文章基本都是直接电子版了。

2. 设计的本质是"做计划"

"设计"一词出自拉丁语Designare，本意是"用记号做计划"。在中文里"设"是指安排，"计"是指谋划。除了我们常说的建筑、规划、装修、家具设计，工业设计（包含汽车、手机、电器等的造型设计）、平面设计、舞台设计、服装设计、形象设计等专业领域的设计工作，我们还可以从"设计"一词的引申用法，如旅行的行程设计、文学影视作品的人物形象设计、职业规划设计、人生规划设计等体会到其做计划的本质。

既然是做计划，无论是学习计划、工作计划还是比赛计划、作战计划，首先要有个目标，目标可大可小，然后从宏观上把一切可能影响到目标实现的因素通盘考虑：哪些风险需要规避？哪些人力、物力、财力需要准备？突发情况的应急处理方案、行事的顺序和人员工作分配等，还要留有变化的余地，最终保证计划执行过程中一切可控。

这么看，做计划，尤其是复杂的计划，是非常烧脑的，难点在于预判和决策的准确性，比如个人职业发展规划、家庭的财富管理计划、企业的战略计划乃至国家的经济发展规划，一旦对未来的预测评估出现重大偏差，将会导致大量的资源错配和浪费，最终无法达成目标，计划彻底失败，而且无法重来。

建筑设计就是给建筑的建造做计划，而且是可执行的计划，目标是保证按时按质建造完成并且满足使用需求。从比较宏观粗略的前期策划（包括用地、建设条件，功能定位、投资估算等）到方案设计，再到执行落地阶段的施工图设计，一步比一步详细、具体，直到每个细节都可执行。如何使建筑设计的实现概率更大？视角越大、思虑越周全、信息越充足、经验越多越好，还要避免很多决策的心理误区，这就需要建筑师多年的学习、全面的知识体系和大量实践积累。

3. 画图只是建筑师表达设计的手段

通过前文的分析，相信读者已经非常清楚，设计与画图的技术含量简直是天差地别。建筑师用图纸表达设计，就像作家用文字表达思想。会写字、画图不难，就像会外语、会开车一样，都是工具，很容易训练，也容易被替代。设计就不是轻易学得会的了，但是学会了也不容易被替代，是建筑师的核心竞争力。

三、施工图阶段设计什么？

我国现行的建筑系教育，学生在校期间所做的设计作业深度和实际工程相比，基本相当于概念设计，这与建筑的建造完成所要做的事相比几乎是九牛一毛。虽然学校里也有建筑技术的课程，如建筑构造、结构三大力学、建筑物理等，但因为没有施工图实践，学生对技术课程不理解也不重视，认为没用，因此毕业生的能力与工作岗位的需求相距甚远。翻开一级注册建筑师考试的辅导教材，我们会发现除了建筑史和基本设计常识外，其他的都得靠工作之后学习积累。

因此，要想在走上工作岗位后先人一步脱颖而出，提前补上施工图设计的课是非常必要的。首先要了解一个方案在施工图设计过程中要经过怎样的加工，最后才能得以建成。

1. 方案深化

所谓"深化"，首先是指要把配合我们的专业——结构、设备（包括暖通和给排水）和电气（包括强电和弱电）的设计条件融入建筑图中，使方案向可行的方向更进一步，因为一栋建筑除了外壳还必须具备使用功能：结构专业要确定合理的结构体系和构件尺寸，保证在使用年限内能承担自身和外力荷载（风、地震、沉降等），不发生倒塌和严重变形；房间的采暖、制冷、通风换气，以及消防设计的防排烟就是暖通专业的主要设计任务；厨房、卫生间的上下水，以及公共区域的消防、生活供排水是给排水专业要解决的问题；建筑的照明、网络、电视电话、安保、通信等则要依靠电气专业来保障。比如最简单的居住建筑，除了客厅、卧室，还得有厨房、卫生间、阳台、衣柜、贮藏等辅助空间。厨房、卫生间没有上下水管和通风管道，居室没有照明电源、插座、暖气和空调、网络，人就没法生活。为了实现居住功能，就要在建筑外壳里添加管线、设备，还要复合结构构件尺寸。

其次，要复合方案是否满足法规，建筑师最需要重点关注的是消防相关规范，一旦将来建筑发生火灾被鉴定为是建筑设计问题，比如防火分区、安全疏散、防火构造等，建筑师要承担法律责任。

2. 建筑构造设计

大量的详图是施工图设计阶段的显著特点，这些详图要呈现的就是细部构造设计，包括楼梯、电梯、坡道、卫生间、门窗、外墙等。所谓构造，就是研究不同材料的连接方式，使装修面层能稳妥地固定于结构受力基层。

通常施工图实习的第一项任务就是楼梯、卫生间详图，这已经是施工图设计中最小的工作内容了，然而对于一个毕业生来说也并非易事，因为这其中涉及的构造做法在大学里学得很少，也没有实践机会，上班后现学现做，如果没有师父手把手指导，一个楼梯就能难倒一大批实习生，甚至我遇到过很多学员已经工作多年，仅仅楼梯地上地下的一道分隔墙就始终画不对。

"建筑师在施工图阶段主要就是研究节点的"这句话一点不假，只有通过构造设计才能最终实现建筑造型和装修效果。贝聿铭先生之所以能将模数设计运用得炉火纯青，就是因为对构造做法烂熟于心，从一开始方案选择就将节点是否可行纳入考虑因素。他的设计中所有成模数关系的尺寸都是完成面的尺寸，只有十分熟悉构造做法，才能保证倒推出来的结构尺寸和机电管线空间经得起专业复核。例如北京中国银行总部大厦的地上柱网是 6900mm，层高是 3450mm，正好是柱网的一半，标准层净高是 2450mm，吊顶只有 1m 的空间给结构和机电专业，如果按照我们设计院的常规做法肯定做不下来。但如果采用无梁厚板，加上机电与建筑专业间充分密切的管线综合排布设计，减少交叉，最终就实现了。不知道读者是否留意过，贝老所有的建筑室内墙面、地面的分格都找不到不满足模数的碎砖，这功夫太令人佩服了！

3. 专业协作

在深化过程中，原始方案难免要做一些调整，这是很正常的，还用住宅举例：比如一栋公寓楼，结构上可能需要设置变形缝，剪力墙部位不能随便开洞；要考虑暖气片、空调机、插座的位置，以方便使用；厨房、卫生间需要设置上下水立管和通风道；公共走道需要增加机电管井；如果有地下车库，需要进行防火分区和增加送排风、防排烟、消防报警等设施。如果是公共建筑，要考虑的技术问题还会多很多。倘若前期方案没有预留一定空间面积条件，施工图很可能就会翻车。当原始建筑方案中增加了必要的机电用房和管线、调整了结构尺寸，建筑专业需要进行复核，在满足使用功能和法规前提下，关注整体的适用、美观与经济性，尽量达到局部优化与整体利益的最佳平衡，这就需要与各专业沟通协调。例如窄而高的梁受力最合理，圆形截面的风管空气阻力最小，然而实际工程中很少发现圆形的风管和窄高的梁，原因是这样就占据了层高，整体层数少了，总销售面积也随之减少，建筑师就要权衡增加销售面积与专业优化的利弊，大多数情况下，与收益相比，增加一些建造成本是值得的。

建筑专业由于是方案设计者，所以在方案落地的过程——施工图设计中自然是主导地位，相当于导演在一部电影从剧本到拍摄完成过程中的地位。配合专业多数情况在方案阶段介入不多，尤其对于学生来说，基本没接触过。因此，掌握专业基本概念并且学会领导专业是建筑系学生在长期的工作实践中的课题。

4. 施工配合

施工配合大约占到施工图设计工作量的 10%，这时我们从施工图到建成又迈进了一步。我们要配合施工过程中各项材料与设备的招标，进行技术交底，还有可能因工艺、材料等因素所限进行设计变更。对于一些大型公建，比如旅馆、体育馆、医院等，运营方可能会提前介入，他们也将会不断提出修改意见和要求。另外，还要与室内装修、景观园林等相关专业或单位一起同步协作。因此，建筑师一定要具备较高的沟通、协调、表达能力。

5. 审核协调

施工图设计是一个大型团队合作工程，除了本单位和外单位的各设计专业，还要与施工方、业主方、运营方、材料设备供应方合作。当材料、设备供应商招标确定之后，建筑师还要进行材料及设备安装工艺审核，确保预留的结构条件和构造做法满足安装要求、材料指标符合设计要求。

经过以上漫长的施工图设计与施工的过程，项目终于建成了，投入使用之前，还要进行竣工验收、竣工图、投资决算，建造过程才算完成，最后一步是设备测试，之后就可以移交使用方了。

小 结

（1）"设计"的本质是做计划，关键是预判和决策，需要很强的综合能力，才能保证计划得以实现。

（2）设计与画图的技术含量有天壤之别，画图是表达设计的手段，易学易替代，设计能力才是建筑师的核心竞争力。

（3）施工图设计是大型的团队合作，建筑师具有主导作用，除了进行本专业的方案深化与构造设计，还有大量的领导、协调、审核的工作，才能最终将方案变成现实。

思考题

1. 你身边有自称为"画图狗"的同事、同学吗？他们的工作状态如何？

2. 你认为绘图软件的进步对设计有哪些正面或负面的影响？

第二章 实际工程与学生作业的差异

第一节 实际工程是"有限创作"

一、实际工程要受到自然条件限制

人们常说"一方水土养一方人",顺着这个思路再深入探究,我们会发现"一方水土"还必然会生长出"一方建筑",也就是建筑的地域性。在工业革命之前,交通不发达,一座山、一条河就能造就山河两边完全不同的自然和人文环境,比如陕北和陕南、苏北和苏南、闽北和闽南,虽同属一个省,气候、地形、方言都各不相同,这些都是地域相对封闭的结果。我们旅行的目的之一就是去走访从材料、形式、色彩到功能都呈现出浓郁地方特色的各地建筑。

随着工业革命爆发,生产力大幅提高,交通四通八达,工业化的现代建筑迅速席卷全球,现代城市越来越趋于同质化,我们在享受低成本、高效能的现代化建筑同时,也渐渐失去很多地域差异带来的趣味。

(一)气候(天时)

气候条件包括日照、降水和风。人类祖先从寻找天然巢穴到利用工具搭建房屋,是为了满足"住"的最基本需求——遮风挡雨、保暖防寒,创造出更舒适的人为室内小环境,以适应外界环境气候的变化。

1. 我国不同地域建筑外形特征举例

(1)新疆喀什夯土房。

喀什(图2-1)位于新疆的南部,属于沙漠气候,非常干燥,一年都下不了几毫

米的雨，那边的民居都是夯土房，而且没有
采用中原地区常见的坡屋顶，而是平屋顶。
因为降水很少，所以基本上不需要解决排水
的问题，类似的还有西北的窑洞。夯土房就
是干燥的气候环境所形成的一种建筑形式。

图 2-1　新疆喀什老城

（2）南方骑楼。

在夏季高温多雨的岭南地区，建筑的一个
共同特点就是我们所说的"骑楼"（图 2-2），意思就是二层以上的部分建筑骑跨在人行
道上，成为人行道的雨篷。这样，下雨的时候行人就可以在有顶盖的外廊行走，而不
会在大街上被雨淋。所以，骑楼是人们应对多雨的气候特点创造出的独特建筑形式。

a）　　　　　　　　　　b）　　　　　　　　　　c）

图 2-2　南方骑楼

a）澳门　b）厦门　c）台湾

2. 建筑设计如何满足建筑物理功能

我国幅员辽阔，随着纬度、海拔、地形变化形成了多样性的气候，根据气温、
降水等指标的季节变化特征，我们做出了气
候区划图，以便于区别设计，包括严寒地
区、寒冷地区、夏热冬冷地区、夏热冬暖地
区，以及温和地区。每个气候分区都有各自
不同的气候特点，我们在做保温隔热设计的
热工计算时会用到。

视频详解：气候区
划特征

为满足不同气候条件下建筑的采光、保
温、通风、防水等基本功能，就要采取不同的设计手段，见表 2-1。

表 2-1　建筑物理功能与设计要点

气候因素	建筑物理功能	设计要点
日照	采光、保温、隔热、遮阳、采暖	朝向、间距、外墙、屋顶、窗
风	通风、防风	选址、朝向、进深、高度、窗开启扇
降水	防潮、防水、防洪、排水、雨水收集	选址、竖向设计、外墙、屋顶、入口、地下室

　　例如严寒和寒冷地区的日照是非常珍贵的，所以我们要尽量开源节流，让建筑主要房间朝南，加大楼间距以满足最冷的冬至或大寒日的日照时间，外墙和屋顶多加保温材料，建筑进深加大并减少外墙面积，南向窗可以面积大些，但北向窗面积就要小，这些还不够，冬季还要增加人工采暖设备才能满足人体室温要求；夏热冬暖地区对日照我们则要"敬而远之"，太阳辐射的能量之大绝对是空调冷气难以匹敌的。建筑主要房间要避免朝南，屋顶要有隔热措施，比如架空或种植，窗要有遮阳措施，玻璃幕墙必须慎用，还要控制建筑进深加强对流通风以降低室内温度，在空调发明之前夏季是比较难熬的。

　　风玫瑰图是我们判断一个地区主导风向的主要设计资料，如图 2-3 是北京、厦门、重庆的风玫瑰图举例，细实线表示冬季主导风向，细虚线表示夏季主导风向，粗实线则是全年主导风向。我们会发现，北京厦门主要刮东风，重庆主要是西北风，北京冬季多北风，而夏季多南风。主导风向在选址规划、建筑朝向选择时都是必须考虑的因素，比如医院的污水处理站就一定要布置在场地的下风处，避免对主体建筑造成污染。

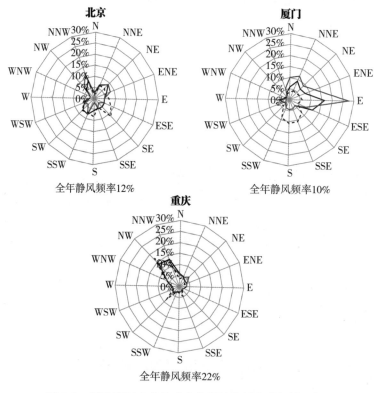

图 2-3　风玫瑰图（参见《建筑设计资料集成》第三版）

（二）地形、地质水文和景观（地利）

1. 地形

在工程建设中，场地处理的成本因地形不同会有很大差异（图 2-4），平原、丘陵、山地的设计思路截然不同。最简单的是平原地区，整个场地按照平坡考虑，道路和建筑布置比较自由；丘陵和山地地区则不同，首先必须进行地形分析，避险、景观、成本综合考虑，单体的形式也要受到限制。

在丘陵和山地地区，一些复杂的地形场地土石方工程成本可能会占到总投资的一半，因此首先要对地形进行高程、坡度、坡向以及排水分析，明确可建设范围、有哪些地质灾害风险等。如表 2-2 所示是中国大陆、中国台湾地区以及美国的坡度标准规定。

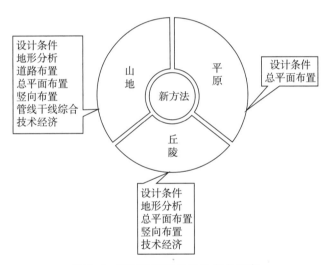

图 2-4 不同地形场地设计考虑因素

（参见赵晓光.场地规划设计成本优化——房地产开发商必读 [M].北京：中国建筑工业出版社，2011.）

表 2-2 坡度标准参考值

（单位：%）

分类		一类	二类	三类	四类	
中国大陆	规划	0~8	8~15	15~25	> 25	
	设计	< 10	10~25	> 25		
中国台湾		< 5	5~15	15~30 独栋双拼联栋住宅	30~45 低密度住宅群，台阶式	45~55 低密度住宅群	> 55 禁建
美国		< 5	5~15	> 15	> 25 禁建	

在确定了可建设范围后，应首先布置道路系统，确保满足道路坡度要求，然后再布置单体建筑，单体建筑的布置应首先满足等高线走向，而不是日照。这与平原地区的设计思路是完全不同的，很多平原地区的建筑师做山地项目完全忽略竖向设计或竖向设计时间严重滞后，直接按日照间距布置南北向板楼，返工的风险非常大。我就遇到过这样的项目咨询，设计单位在甲方确认了方案、要进行施工图设计时才发现无论如何无法深化，问题就出在拿坡地当平地做导致标高无法交圈。

2. 地质水文

万丈高楼平地起，场地地质水文情况直接影响到建筑基础，勘察设计单位为建筑设计提供的地质勘探报告是结构设计的重要条件，结构专业计算地基承载力、沉降、确定基础类型都要以它为依据，抗震和防洪设计也都离不开地质勘探报告提供的数据。

地质水文资料还是场地总图设计中竖向设计、场地排水、防排洪设计的重要依据。

3. 景观

景观条件也是地形属性之一，先天的景观优势会给房地产项目带来优厚的附加价值。比如海滨度假区，如何更好利用景观、引入景观是主要设计重点。客房、大堂、餐厅这些主要空间设计一定要尽量多地争取面向大海的景观，多出海景房。例如三亚亚龙湾的万豪度假酒店，在总平面布置上（图 2-5），就采用近似弧形的板楼设计，尽量延长朝向大海一侧外墙的长度，以便将主要空间都安排在这一侧。从实地酒店内的视角看出去（图 2-6），蓝天、碧海、绿树，白色的沙滩和红色的屋顶，令人心旷神怡，倍感放松。其实除了万豪度假酒店，与其毗邻的亚龙湾等其他豪华度假酒店的设计思路都有异曲同工之妙，即尽可能延长面向大海的外墙长度（图 2-7）。

图 2-5　三亚亚龙湾万豪度假酒店总平面

a）

b）

图 2-6 三亚亚龙湾万豪度假酒店
a）从沙滩一侧看酒店 b）从酒店视角看大海

图 2-7 三亚亚龙湾沿岸度假酒店总平面

（三）市政（人和）

1. 管线

城市化是工业文明的成果，人类活动范围相对集中可大大降低生产生活成本。在我看来，城市就是市政管线集中的地方，各种市政管线——给水、排水、燃气、电力、光纤、热力等密布在城市地下，就像血管一样，为我们的生产生活提供能源，维持新陈代谢。

建筑施工前要进行场地处理，达到"三通一平"（即通水、通电、通路和场地平整）的标准，以保证水、电的供给和施工材料的运输等施工基本条件。每个单体建筑是整个城市管网的末端，我们在进行场地内地下管线布置时，要确保其与市政管网能顺利衔接，融入城市系统。

所以，我们对道路的理解一定要有"双重作用"的概念，它不仅仅具有地面交通的作用，地下还暗藏着"城市生命线"。与建筑中走道的双重作用类似，走道地面满足交通，其上空是管廊的最佳位置，吊顶里同样是"别有洞天"。

2. 交通

"要致富先修路"，山区之所以经济比沿海相对落后，就是因为海运成本最低，因而沿海地区从原料价格上就具有先天的优势，经济效益优于山区内陆，发展必然更快。前面我们讲过山区场地处理造价高，就包括修路，对于工程建设各种材料运输也是如此。在平原和山地之间肯定选择平原开发更容易，山区自然形成的一村一镇经常相隔一座山，就是因为要寻找山间相对平缓之地插空建房，即使遇到重庆这样的山城，也还是要选择相对坡度平缓的地区才能控制住成本。

在人口密集的超大城市，仅靠地面交通已经不堪负荷，立体交通系统使一条道路的面积能够发挥两三倍的效益，高架路和地铁已经成为标配，城市的地下不再是管线独占的空间了。因此，在考虑场地规划时，建筑基础和地下管线需要对地铁线路有所避让。除了地下，天上也得注意航空管制高度对建筑高度的限制。

建筑场地设计（工业建筑习惯称为总图设计）是建筑设计与规划设计的衔接点，看似成果只有几张图，但却负责场地地面、地下和上空整体空间的布局，非常重要，绝不仅仅是摆摆房子那么简单，总图更加不等于总平面。

（四）选址与"风水"

所谓"风水宝地"，其实就是建筑选址的标准，"风水"指代的就是自然环境。如上文所述，选址要综合评价建设场地周边的自然环境影响因素，满足日照、通风、水源、降水，气候宜人，交通便利，远离自然灾害，如地震、山洪、泥石流、台风等，这样的地方就是占尽天时、地利、人和的宝地。

我国古代为帝王陵墓选址的时候特别注重"风水"，比如北京的明十三陵（图2-8），其始建于永乐七年（1409年）。为了求得吉祥的墓地，明成祖命江西风水大师廖均卿在昌平境内找到了一片山地，经朱棣亲自踏勘确认后封为"天寿山"。整个陵区范围四十多平方千米，所处地形是北、东、西三面环山，南面开放开敞，山间众溪汇于陵前河道后，向东南奔泻而去，符合背靠玄武、左青龙、右白虎、前朱雀的四灵方位风水格局。北面群山巍峨，层峦叠嶂，以天寿山为主峰，大峪山、阳翠岭三峰并峙，左有蟒山形成龙山、右有虎峪山作为虎山，在南面相对峙，温榆河与其他小河蜿蜒往东南方汇聚成一湖泊（现已建成水库），龙盘虎踞把守十三陵水口，重峦叠嶂，如拱似屏。从现代地理科学角度分析，这里同样满足日照、通风、降水条件，气候宜人，又远离自然灾害，确是不错的选址。

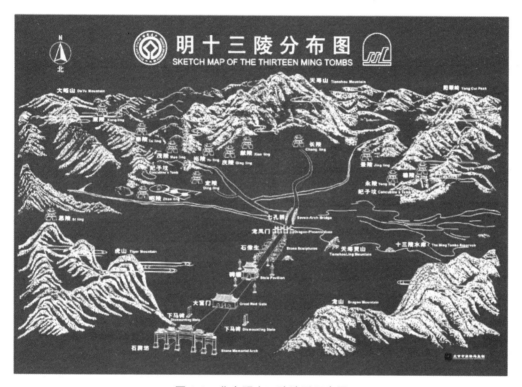

图 2-8　北京明十三陵地形示意图

在选址时，我们有时候容易更多关注地形优势的一面，却忽略了其自然灾害等存在风险的一面。例如著名的流水别墅，是现代建筑的代表之一，其悬挑于溪流之上的大露台是建筑史上的经典之笔。然而大多数人所不知道的是，该建筑在使用过程中，因其选址的先天不足和夸张结构的后天缺陷导致了一系列麻烦，并付出了高昂的维修费用。

视频详解：流水别墅案例

二、实际工程要受到人为条件限制

（一）任务书

建筑设计是命题作文，任务书是项目被立项后进入实施阶段，业主向设计单位提出设计要求的文件，是我们主要设计依据之一。有要求才有评判标准，满足任务书的各方面要求是方案成立的必要条件之一。

如果甲方的任务书能像注册建筑师考试方案作图那么清晰明确，建筑师可能也就不至于总是熬夜加班了。现实中更多的情况就像是你问女友"想吃什么？"对方来一句"随便"，你就不知如何是好了……建筑师如果问甲方"你想要什么样的？"甲方大概率会回答"先做几个方案看看"——建筑师成功给自己挖了个大坑！所以，帮助甲方拟定一个可行、具体的任务书是建筑师十分重要的一项能力，遗憾的是大部分不具备。曾经有同事问我："如何判断掌握了一类建筑的设计方法？"我回答是"能编任务书。"为什么这么说呢？因为任务书的核心是面积指标，掌握了面积指标的分配，就证明掌握了这类建筑的功能要求。

（二）规划条件

建筑设计另一个重要依据是规划条件。先有规划后有建筑，建筑是城市规划的一部分，规划的范围从城市到区域，再到某个地块，规划内容也由粗到细（图2-9），所谓的规划条件指的是控制性详规（简称控规），它明确了某个用地范围内的具体设计原则，是区域规划设想具体落实的体现。控规中会规定：不同性质用地界线（即红线）、建筑类型、各地块建筑的控制指标、公共设施配套要求、道路交通要求、建筑后退红线距离、市政工程管线等，还会提出各地块建筑体量、色彩、体形等城市设计原则。

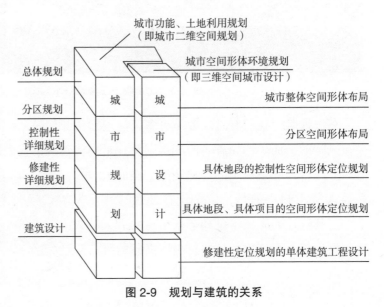

图 2-9　规划与建筑的关系

（三）法规

法规是建筑设计的底线，这在学生作业当中是很少强调的，但实际工程中非常重要，尤其是施工图设计阶段，每个方案构思细节落地都必须保证在法规允许范围内。与建筑设计相关的法规包括建设法规和设计规范两大类，在后面的章节中会做具体介绍。

（四）社会背景

社会背景对建筑设计的影响不易被察觉——不识庐山真面目，只缘身在此山中，每个人都身处特定历史社会背景中，不知不觉受到社会普遍价值观的暗示，这些价值观并没有明确体现在任务书和法规中，却造成了我们自觉的行为倾向，包括设计观。

例如福建及周边地区的客家人民居——土楼（图 2-10），其外形呈现出对外封闭、对内开放的显著特征，具有极强的防御性：四、五层高的夯土外墙只有一些非常小的窗洞，好像城墙上的射击孔一样，而内院则是全部开敞的，每层的外廊都是环通的，聚族而居。平面有圆形和方形两种，直径可达 70m，300 间房，夯土墙厚可达 1m，坚如磐石，从外太空看好像飞碟一样。这样奇特的建筑形式是客家人迁徙至此为防卫械斗侵袭而采取的应对措施。

图 2-10　福建南靖土楼"四菜一汤"

我们中国人自己的建筑师设计的建筑也有非常强的时代特色。他们一方面学习了西方现代建筑的设计手法，另一方面又希望在外形上保有中国建筑的元素，于是就出现了一批"大屋顶"的多层建筑。在一些历史比较悠久的高校，如厦门大学（图 2-11）、上海华东政法大学（原圣约翰大学旧址）

图 2-11　厦门大学

31

（图 2-12）能看到不少这样的典型案例。

图 2-12　上海华东政法大学（原圣约翰大学旧址）

三、实际工程要受到技术条件限制

（一）材料与构造

1. 材料

就地取材是最经济也是最能体现地域性的特征之一。这里所说的材料包括结构支撑构件的材料、装饰材料和功能性材料（如防水、保温材料）。其中，结构支撑材料的不同，决定了结构体系和使用效能的不同，也使建筑造型产生较大差异，并影响到使用寿命。比如我国古代建筑多用木材，而欧洲则多用石材，使二者的建筑外观和空间产生了巨大反差，极具辨识度。中国的建筑给人感觉非常开阔，因为主要用木材，木材韧性好，跨度可以做得非常大，所以可以采用框架结构，使得内部空间开阔，分隔灵活，但是高度往往不会建得很高（图 2-13）。而欧洲古代建筑多用石材，外立面的窗非常窄且高，就是因为石材质地非常脆，强度大但抗变形能力差，跨度就做不大，所以为了加大建筑的尺度，只能向高发展（图 2-14）。也正是因为木材怕火，我国和日本唐代以前的木建筑留存非常少，皆因火灾或人为烧毁，现在看到的多是后来重建，甚至多次重建的。

图 2-13　北京太庙

2. 构造

大部分建筑师工作多年还不太理解到底什么是构造，施工图设计中也只能照搬图集，不明其原理。其实所谓构造，就是研究材料与材料之间的连接方式问题，本书后面章节会专门讲解。施工图设计中建筑师的一项重要任务就是研究节点的构造方法，可靠的构造是使方案最终落地的重要保证。因此，弄清楚构造原理是做好施工图设计的一门重要功课。

伴随新材料不断涌现，构造方法也必须不断更新，否则新材料就无法应用到建筑上，二者密不可分。材料不变，发明新的构造方式，不但能提高施工效率和质量，甚至还能为立面效果带来革新。

图 2-14　法国巴黎圣母院

例如以往贴瓷砖、石材都是采用湿作业，用水泥砂浆或建筑胶粘贴，不但施工时间长，而且块料尺寸不能太大，否则重量过大贴不住。随着干挂做法的推广，使外墙采用石材、装饰板、玻璃幕墙成为可能，而且施工快捷、准确。可见，构造做法的新发明可以"反哺"方案设计，使立面造型变得更加丰富多彩（图 2-15）。

a）　　　　　　　　　　　　　　　　　　　　b）

图 2-15　窗洞口与玻璃幕墙不同的立面效果

a）北京长话大楼　b）北京金融街丽思卡尔顿酒店

革命性的水泥基渗透结晶型防水材料的产生，彻底改变了以往"做防水就是给建筑穿雨衣"的传统观念，使防水不再是构造上的物理变化，而成为改变材料性质的化学变化。第一次听说这种材料是我在大四实习的时候，参与中国银行总部大厦的施工图，当时父亲特别兴奋地向我介绍贝聿铭先生推荐的这种新型防水材料——能与混凝土发生化学反应，地下室防水不再需要外包卷材，彻底避免了无法交圈的问题，而且国外那时已经有地铁、海底隧道采用了。可见，要实现设计理想，离不开新材料与新构造的保障。

视频详解：革命性的水泥基渗透结晶型防水材料

水泥基渗透结晶型防水材料的防水原理到底是什么？

（二）施工工艺

古埃及金字塔建造时如何把那么巨大的石材运送上去，到现在仍然是个谜。可见施工方法、工艺、机械设备等对建筑设计能否实现起着至关重要的作用。

我国 20 世纪 50 年代建国初期由于城市住宅短缺，在苏联建筑工业化思想影响下，开始推广装配式建筑，建设了大批砖墙与混凝土预制楼板组成的砖混结构住宅，但由于各种原因，技术比较落后，产品质量粗劣，抗震性能差，到 20 世纪 80 年代基本停滞。如今随着城市化进程越来越深入，建造工艺水平大幅提高，装配式建筑为乡村振兴提供了很大的助力。

另外，随着高铁建设飞速发展，盾构机经常出现在电视新闻报道中，它是在软土和软岩地层（淤泥、新土、卵石等）中进行地下工程隧道掘进的专用工程机械。现代盾构机集光、机、电、液、传感、信息技术于一体，具有开挖切削土体、输送土渣、拼装隧道衬砌、测量导向纠偏等功能，涉及地质、土木、机械、力学、液压、电气、控制、测量等多门学科技术。近年来在我国地铁隧道、排污隧道、越江隧道的施工中得到了较为广泛的应用（图 2-16）。

图 2-16　盾构机

（三）设备

建筑中的设备与建筑材料类似，其更新发明会给设计提供更大空间，也会给建筑使用体验带来飞跃式的改观。例如电梯的发明给现代建筑向高层发展提供了可能，从而使现代建筑的造型和古典建筑产生了巨大差异，建筑师的想象空间得到极大扩展，并且随着人口增加，高层建筑也使城市土地利用率得到大幅提升。

视频详解：电梯给建筑带来的变革

空调的发明大大提高了室内环境的舒适度和可控性，尤其对于医院、体育场馆、影剧院、交通枢纽等大跨度建筑，以及博物馆、洁净厂房等意义重大。人所处的室内环境需要采光、通风的基本条件，但大进深的建筑很难靠自然通风满足室内空气质量的要求，更不用说控制温度、湿度、洁净度这些指标了。以往很多人说医院设计难，其中一个原因就是医院配有空调系统，而其他建筑没有，增加空调系统，对建筑层高、立面、结构荷载、管线综合、消防系统等都提出了新的要求。

四、实际工程要考虑经济效益与社会效益

（一）造价

宏大的建筑需要雄厚的财力支撑。我们现在旅行所参观的很多人文建筑景观，如宫殿、教堂、寺庙、园林、陵墓等，很多是古代专制统治时期兴建的皇家建筑，当时的帝王将社会财富大量集中，用于营造。

"不当家不知柴米贵"，波特曼是我很喜欢的一位建筑大师，他做过开发商，是极少数既当过甲方又当过乙方的建筑师，当立场、视角转换之后，考虑问题的角度立刻会发生变化。学生作业基本不会考虑造价问题，但实际工程中，为投资人节约成本可以说是衡量建筑师服务水平的一项标准。因为从宏观经济学和公共管理角度来讲，工程建设，尤其是超级工程需要耗费巨大的财富，在总体社会资源有限的情况下，这样的投入绝不可能仅仅是为了完成建筑师的一个作品，管理者必须慎重考虑社会整体需求的优先顺序。

视频详解：造价对建筑的影响

（二）环保

随着人类整体环保意识的提高，对工程建设领域也提出了新的要求。我国现行的建设程序中，从最初立项就要有环境影响评估报告，论证分析项目的污染源及处理措施，如何节水、节能、降噪，以及资源回收利用等。可持续发展和绿色建筑已成为未来设计方向，我们在挑战极限的同时，理应特别防范其可能带来的负面影响，才能达到发展与可持续的平衡。

五、掌握限制与自由的相对平衡

对刚毕业的学生来说，对实际工程的诸多限制可能会不适应，然而无规矩不成方圆，只有统一规则，才能评判是非。所以，在投入实际工作之前，应该认识到限制是好事。

1. 限制是设计要解决的题目

前文提到，大部分建筑师在没有任务书的情况下都会手足无措，不知设计该从何入手，判断甲方客户的真实需求是很厉害的功夫，所以当业主能提出任务书或者我们提出的任务书甲方认可，应该感到万幸，这意味着有可能不会陷入无休止的修改。

2. 限制是创作的动力

设计是要解决问题的，有限制就有了设计目标，与盲目的自由相比，当我们用各种设计手段达成了目标，带给我们的价值感和成就感是非常强烈的；而自由同时意味着不确定，不确定又意味着无休止的修改，修改却未必是越改越好，也许直到身心俱疲都一无所获。

3. 限制是公平的评价标准

很多考生认为一注方案作图考试限制条件太多，稍不留神忽略一个重要考点就可能导致整体失败。但我在讲课时告诉他们，题目限制条件越多，才能使答案越趋于唯一，老师判卷越趋于客观，因为这些条件就是评分标准，经得起复核，否则老师可能仅仅因为个人喜好或图面表达就轻易否定一份答卷，从而断送一个考生的前程，公平也就无从谈起。

4. 限制是可实施的前提

建筑师可以一个人做方案，但方案落地不能仅靠一个人，一个项目建成是大量人力、物力、财力的集成：没有业主认可不行；审批不通过不行；法规不允许不行；结构、消防不安全不行；材料达不到标准不行；施工做不到不行……当然资金不到位更是万万不行！所以，应该将"被限制"理解为"被助力"，通过各方协作最终达成结果。典型案例如悉尼歌剧院，一张草图一路披荆斩棘，实施过程接连遭遇资金、结构、施工、声学等诸多困境，连方案设计者伍重本人都因与政府不和拂袖而去，致死未能见到图纸变为现实。但就在这种情况下，悉尼政府和其他设计团队成员，千辛万苦改进造型和施工方案、投入超过预算十几倍的巨资将其建成了。

5. 有限创作意味着有限责任

权力和责任永远是相辅相成的，有限创作同时意味着有限责任，这样对建筑师其实更公平，也更能减轻包袱，更专注于创作。

-------- **小　结** --------

（1）实际工程要受到自然条件的限制。

（2）实际工程要受到人为条件的限制。

（3）实际工程要受到技术条件的限制。

（4）实际工程要考虑经济与社会效益。

（5）要掌握限制与自由的平衡，树立"限制是好事"的观念。

？思考题

1. 实际工程要受到哪些主客观条件的限制？

2. 以往你是如何看待设计条件限制的？学习本节后有哪些转变？

第二节 实际工程是"集团持久战"

一、实际工程是持久战

在《令人心动的 offer》第四季中，几个年轻的建筑系实习生听说要去工地异常兴奋，如果把方案设计看成是生孩子的话，施工就像是将自己的孩子培养成人，特别有成就感。然而，长大的过程是漫长而复杂的。方案设计短平快，人少时间短，是攻坚战，相对而言，施工图设计则是工作量大、周期长、修改多，堪称持久战。持久战意味着长时间、大量的消耗，以及无穷的变数。先不用紧张，持久战与攻坚战相比也有优点：工作量大人员配备就会增加；周期长意味着工作强度低，大部分时间不需要加班；上节讲过，实际工程要受到施工、材料、技术等因素制约，所以修改是难免的，并且一般的施工变更洽商是包含在正常工作量和周期内的，如果涉及方案性的，一定要另收费。

1. 工作量大

从设计费的分配规律看，施工图工作量大概占到整体设计的 60%，这 60% 的工作量不仅仅是一个建筑专业的，还要有结构、暖通、给排水、电气、预算等其他专业的加入和参与，其中建筑专业的工作量占到 40%，大工程成百上千张 A0 图很正常。前文中介绍了施工图设计中建筑专业的主要工作内容，如果把施工图设计过程比做是拍电影，建筑师在其中扮演着自导自演的角色，即"龙头专业"，既要对内领导专业、协调设计、高质量完成自己的图纸，又要对外与甲方、工地、厂商顾问沟通，需要很强的综合素质。

2. 周期长

工作量大幅增长，周期也必然跟着加长很多，一个几万平方米的综合医院改扩建项目从施工图设计到投入使用大概要经历 10 年左右的"马拉松"，建成后院长都已经换人的不在少数。从奠基到土建结构封顶只是暂告一段落，后面还有立面外装修、机电安装、室内装修、医疗设备安装测试等步骤才能正式开业。为什么奥运会的申办权要提前 8 年宣布？就是因为大量场馆建设或改造需要调动大量资源，周期很长。

3. 修改多

记得我实习的时候经常问同事，为什么业主、工地总是提出那么多修改？同事们总是教育我：修改是绝对的，不改是相对的，修改是正常的。

修改有各种各样的原因，有方案性的，比如功能变动、各专业条件变动、使用方介入；有材料设备招标带来的调整；还有施工工艺等。修改不一定是来自外界，建筑师自己也经常会精益求精，主动修改，力图更加完善。

当下有的工程方案还没成熟就开始施工图设计，施工图阶段先要改方案，真正的深化刚开个头就已经动工了，材料设备招标也滞后，前期各阶段的隐患到了工地再也无处遁形：比如我在做北京金融街丽思卡尔顿酒店及购物中心项目的时候，发现 SOM 事务所竖向设计存在很大问题，于是就重新修改，并且不断与业主沟通，试图说服业主，但 SOM 事务所一直坚持他们没有错，我们与 SOM 事务所争执了半年时间，也做了一些妥协，直到地基挖到距离最终结构底板标高 1m 的时候，甲方才确认采用我定的正负零和竖向方案。

二、实际工程需要团队协作

（一）设计团队

1. 民用建筑专业分工与合作

民用建筑常见的专业分工包括以下几个：
（1）总图（场地设计）。
（2）建筑——龙头专业。
（3）结构、设备（暖通、给排水）、电气、预算。
（4）景观、医疗气体、工艺等。
"总图设计"的叫法多见于工业建筑，民用建筑一般称为场地设计，也是我们上节提到"规划条件"时所说的"修建性详规"，本质上是微型规划。因为用地红线内不仅仅只有主体建筑，还有道路、交通、绿化、竖向、管线、排水等问题要解决和设计，所以应该先有场地设计，才进行建筑单体设计，这个专业应该是担当总司令角色的。在我上大学时学校里就没有这门课，现在仍然没有，这是导致施工图问题多多和注册考试通不过的原因之一，所幸注册考试给了我们一个补课的机会。

如果把建筑比作人体，结构专业负责的就是骨骼系统，要通过精确计算确定基础、结构体系、构件尺寸，以及防风抗震设计，保证骨架的安全稳定；设备专业包括暖通和给排水，负责呼吸和循环系统，即采暖、通风、空调、上下水、中水、雨水，掌管建筑的"风水"；电气专业分为强电和弱电，负责建筑的神经系统，包括照明、动力、电视电话、网络、信息系统、智能化等。我们习惯将设备和电气专业合称为机电专业，其保证建筑内风、水、电管线循环畅通，这样的建筑才是有生命的，可供使用的，否则就只是骨架而已。

建筑专业是龙头，既是导演又是演员，要领导各专业共同塑造一座有生命的建筑（图 2-17）。

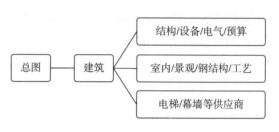

图 2-17　民用建筑各专业关系

2. 什么是"二次设计"和"专业顾问"

实习生来到设计院，可能会经常听到前辈说"这个属于二次设计""那个要咨询专业顾问"，那么为什么会有二次设计？专业顾问又是做什么的呢？

目前很多项目会将室内装修、景观设计、钢结构这些内容分包给土建设计单位以外的专门公司，称为"二次设计"，意味着一次设计"未完待续"。在项目多、竞争激烈的状况下，这样的分工有助于提高效率，但也有副作用，就是总协调难度和成本增加。比如室内装修，建筑专业本应该负责到室内装修的深度，否则无法控制最终建筑呈现的效果。即使部分重点部位分包给了另外的公司，建筑师也应该负责总体协调控制，而不是甩手不管。景观和钢结构也是如此，也应该由土建设计单位负责总协调。二次设计最大的风险在于各自为政，协调困难，所以事先约定责任范围非常重要。

"专业顾问"最早是从境外事务所产生的，西方国家的事务所体制与我国不同，通常只有一个专业，而不是像我们一个设计院各专业在一起，我们的设计院体制是从苏联那里学来的。所以在西方，大部分情况是结构、机电、景观等都是建筑事务所的分包商，当业主确定某家建筑事务所后，由该事务所自行寻找其他专业合作伙伴。因此，随着施工图设计的深化，重要材料设备供应商如幕墙、电梯、旅馆的厨房和洗衣房就要介入参与，提供咨询或细部设计；有些体育、医疗、生物实验室等项目还需要工艺部分的供应商提供设计条件。这些外协单位也必须在建筑龙头的总协调和审核下工作。

对于有责任心的建筑师，有过一两回"二次设计"或"专业顾问"的合作后，基本就可以掌握大致概念，不一定非要等到专业顾问到位才能工作。

（二）外部协调

除了设计团队内部的合作，对外部的沟通协调也非常重要。对上，我们要向业主汇报，有些项目运营方也会提出修改意见，比如酒店管理公司。在房地产项目中，我们还要配合业主取得一系列许可证，提供满足报批版本的施工图；对下，我们要跟施工方密切配合，这部分工作量要占到施工图设计的10%，设计最后的效果呈现关键就在于每个施工细节。这其中还包括与材料设备商关于构造或安装细节的沟通（图2-18）。

图2-18　设计方与对外协调的各方关系

无论是对内还是对外的协调沟通，都要本着共赢的目标，而不是我多你少的零和游戏。原则是必须考虑到各方的利益和便利，并以整体为重。就像我们在狭窄的道路上会车一样，谁有余地谁退让，以保证整条道路的畅通。

小　结

（1）实际工作量大、周期长、修改多。

（2）实际工程需要团队协作。

❓ 思考题

你是如何理解实际工程中建筑师扮演的角色的？

第三章 施工图设计训练是建筑师成才必经之路

一、施工图设计是从学生作业走向实际工程的必经之路

（一）我个人施工图实习经历

1. 通过实习学计算机

我上大学的时候，"486"计算机刚刚出现，父亲敏感预测，计算机画图很快就会替代图板，大一的暑假正好学校留作业要求社会实践，我正发愁做什么，父亲就问我："想不想学计算机画图？"我天生好奇心强，对新生事物接受特别快，"好啊！"我愉快地答应了。

我的第一项任务是核对北京通泰大厦（图 3-1）的门窗表。门窗表本身并不难，这项工作最大的作用是帮助我学习软件。父亲的单位在他的倡导下成为最早推行计算机绘图的设计院，我也跟着沾了光，成为同学中最早接触计算机绘图的人，先进的工具使我的设计效率大幅提高。记得当时同事送了我一本厚厚的 AutoCAD 教程，是外国人编的，我发现如果没人指导只靠看书的话，哪怕是画一个门都很费劲。但是在办公室里，有很多哥哥姐姐可以随时问，加上实际的应用，学起来非常快。这就是为什么我特别主张学徒制，自己摸索和有师父手把手教，实在是无法相比的，"私教"最大的优势就体现在这儿。我除了在施工图上帮忙，剩下的时间就是学建模。三维制图对于"486"计算机真是小马拉大车，下班前存图要花掉 15min。

对于建筑系的学生来说，大学五个暑假每个都特别充实，除了学校安排的水彩写生、

图 3-1 北京通泰大厦

古建测绘和施工图实习，我在模型公司和效果图公司都干过，学会了计算机画效果图。对计算机软件的超前学习，为我日后工作提供了更多机会。

2. 参与一个大项目受益终身

大四时施工图实习，我有幸参与了贝聿铭先生的中国银行总行大厦项目，对我日后职业生涯的影响之深远可以概括为"高标准、长见识、开眼界、不过时"（图 3-2）。

图 3-2 中国银行总行大厦

（1）高标准。到现在，这个项目的施工图仍然是我见过最好的，没有之一，从上班第一天就为我树立了高标准。在工作中我就是用这样的标准来要求自己，后来讲课、写书，也总是尽量用该项目的图纸作为案例，告诉学员和读者好的标准是什么。

（2）长见识。我们施工图实习结束后有一个答辩，我想遇到这样的项目太难得了，先给老师做个项目介绍，没想到一介绍就说了两小时，从模数设计到震撼的尺度，再到室内细节，老师听得津津有味，还不停地做笔记……后来我自己也尝试了模数设计的方法，并完成了施工图，虽然项目未建成，但过程中足以能体验出其精妙之处。

（3）开眼界。除了技术层面，顶级事务所的管理细节，也让我大开眼界，比如制图、出图的统一标准。打开电子版图纸，感觉就像一个人画的；翻开纸质图纸，全部为统一 A0 规格，两个字——"大气"。为了配合大工程，硬件也不能"掉链子"，设计院内部建立了局域网工作站，所有最新版图纸都在上面，但每个人的权限不同。这样就方便了图纸互相"外部引用"这个大工程才用得上的 CAD 高级玩法，大大提升了工作效率。可见量变到质变，参与复杂的大工程就有机会遇到小工程没有的问题，不断出圈，分分钟都在长本事，令我这样喜欢挑战的人兴奋不已。

（4）不过时。我现在所掌握的大部分 CAD 高级技巧都是在这个项目实践中学到的，到现在都不过时，甚至仍然没有普及，比如外部引用、纸空间等。这些都是做大项目必备的生产工具，如果不会用可远不只是多加班这么简单，根本连图都画不出来。

3. 一次详图任务学会构造原理

进入工作岗位后，和许多大学毕业生一样，我参与施工图一定也是从详图做起。

但我和其他毕业生最大的区别在于：我给自己定了目标，通过这一次详图实践，搞清楚设计要点和原理。在设计院工作时我发现，无论什么项目，经常有同事为楼梯、卫生间这些通用详图争论不休。在我看来，基本详图是应该在第一次做施工图时就要解决的问题，而不同项目的详图只是参数不同，比如楼梯的层高、楼梯间和梯段尺寸、开门、管井位置等不同，其设计原理是一样的。一定要多向前辈、同事请教，不要怕麻烦别人，因为被请教特别能提升个人价值感，你的请教不但会令你的同事非常开心，还会给人留下勤学好问的正面印象。一次搞明白，将来再做施工图就只是插入模块，举一反三，事半功倍，一劳永逸。如果多次详图设计都还没有搞清楚原理，问题会越积越多，最终不但会导致对施工图感到厌烦，而且对这些基本模块不熟悉也会大大影响做方案的速度。

我的第一次施工图详图设计实践是参与北京大运村旅馆项目的楼梯、电梯、卫生间、门窗和外墙详图设计，将每个项目都有的主要详图都做了一遍，搞清楚了。第二个施工图项目的详图设计我已经在指导实习生了。

视频详解：北京大运村旅馆详图设计

4. 启发

在最初的一段实习过程中，也许你经常遇到的都是零碎的事情，今天画个楼梯，明天核对门窗表，后天又帮忙做个翻译或建个模……有些新人会因此而抱怨，我就曾经无意中听到一个年轻的同事打电话抱怨"总让我画楼梯"，我心想："你确实连楼梯都没画明白啊，怎么敢让你做更复杂的事？"高校教育与实际工作脱节使毕业生的知识和能力距离实际工作有较大差距，上班后只能从基础工作做起，这个原始积累的过程是必不可少的。越是潜下心来专注当下每个任务，认真做好，不懂就问、勤于总结，进步越快，水到渠成的一天就越早到来。

（二）有施工图基础的方案设计成功概率大

前面我们提到过，实习生做方案"步步是坑"，我罗列了很多关键的问题，如果没有提前考虑，每一步都可能为实施埋下"地雷"，当有了一些项目的施工图经验之后再做方案时，每到关键步骤，头脑中自然会蹦出一个声音提醒你注意，比如：

（1）计算面积指标时，应留有余地，如未考虑足够的后勤、机房、管井、车库人防出口等面积，施工图面积可能会超出方案指标。

（2）确定柱网时，房间开间和地下车库无法兼顾，谁应该优先？车库位置与地上功能怎样结合最经济？

（3）确定层高时，已知净高要求，要首先确定结构体系、空调系统才能预估结构和管线空间，反推出层高；另外，层高还与立面、楼梯、人防存在千丝万缕的联系，一旦将来修改就是牵一发而动全身的大动作，确定之前一定要全方位考虑周期。

（4）确定地下车库方案时，机械车库不能使车位增加一倍。一定要从总平面布置时就考虑车库和坡道位置，采用最合适的柱网和坡道形式。

视频详解：有施工图基础的方案设计成功概率大

这样做法方案才能心中有数，胸有成竹，而不再是心虚而盲目的。

（三）打实施工图基础后方案能力实现质的飞跃

工作前 5 年内，我主要参与了 3 个大型项目的施工图设计，分别是 17 万 m^2、4 万 m^2 和 20 万 m^2 的复杂公共建筑，28 岁就成为主持人。别说是毕业生，就是干了一辈子的建筑师也不一定能拿出这样的业绩。表面上看似没有什么像样的方案业绩，但厚积薄发，我的方案视野和能力早已不能用学生作业标准来衡量了。

1. 会编任务书

"会编任务书是掌握了一类建筑的标志"是我的观点。从 4000m^2 的豪宅到 15 万 m^2 的综合医院，我都能在业主毫无头绪的状态下，拟定面积指标和功能，而且令业主很满意。

2. 速度可达日均万平方米

功能布局本来应该是建筑方案最重要的内容，但当下大部分方案都只有花哨的外观造型，内在则是"空心"的——功能不合理或缺失，且不满足规划指标，这样不完整的方案是无法深化的。因此，功能布局反而成了大部分方案的软肋。在这种背景下，凭借深厚的施工图设计功底带给我的掌控全局的内功，15 万 m^2 的综合医院功能布局两周时间就能够成型。如果投标都是这样的进度，哪里还用熬夜？

3. 方案评估及优化设计

施工图设计扎实的训练基础使我深刻领悟到，方案设计中的隐患必将导致后期返工，因此，在进行非本人方案施工图设计前一定会进行仔细评估，尤其是境外事务所的方案。我发现问题关键点非常相似，总是全面开花，而且非常清楚为什么会这样。如果说挑毛病谁都会，能优化才是真内行，我就曾经因为优化方案替单位争取到了设计任务。

4. 总结方案速"算"口诀

"先算后画"的设计方法是我父亲从张镈前辈那里学到的方案设计方法，后来又传给了我，它不是什么艰深的秘籍，却是非常有效的理性的设计方法，即先算好面积再开始画图，目的明确，有理有据。我又在此基础上，将方案设计的思路和重点编成了口诀，加上下面介绍的我的最新"空间分类"理论，就成了一个可复制的"套路"，经过一注考试方案作图课程的试验，效果不错，当期学员考试通过率达到了35%。

5. 创新"空间分类"理论

"空间分类"理论是我的最新成果，源于在研发方案课程时，发现学员中普遍存在"拿到题目不知如何入手"的问题。我复盘自己做方案的思考过程，发现成功判断出建筑空间形态的"势"非常重要，这正是为什么每次学校里老师讲解后我仍找不到思路，但是回家经父亲指导后我就知道了从哪儿入手的原因。哲学原理告诉我们：现象纷繁多变，本质才是唯一。深入本质是找到根本原理的唯一途径，掌握本质，才能举一反三，不断创新。于是"空间分类"理论应运而生，将几十种建筑功能类型简化为4种，规律就很明显了……

二、通过施工图设计学会构造、积累数据

（一）施工图阶段建筑师主要研究节点

前面章节我们介绍过，建筑师在施工图阶段一个主要工作就是研究节点，只有通过构造设计才能最终实现建筑造型和装修效果。构造是研究不同材料的连接方式，使装修面层能稳妥地固定于结构受力基层。构造又与材料和施工方法紧密相关，因此，只有通过实际工程才能学会。

在《令人心动的 offer》第四季中，几个实习生来到工地都特别兴奋，好奇心一下就爆棚了……可见教学必须结合实践才是最有效的，这方面只有实际工程才能提

供最大的便利。在我的课程里会给学员留作业，考察实际工程，自己分析评价，效果非常好，大大促进了学员养成观察和独立思考的习惯。独立思考能力很重要，设计要解决问题就不能闭门造车，否则永远只能纸上谈兵。

（二）数据积累是方案速"算"的基础

"绘图"与"绘画"本质区别就在尺寸。方案要落地必须得量化，每个材料构件都有精确的尺寸，没有"差不多"。记得一次我去效果图公司查看小样，需要改动的地方我都会给他们具体尺寸，他们说我和其他建筑师不一样，我很好奇哪里不一样，得到的回答是：你会给出准确尺寸，而其他建筑师都是看着屏幕觉得顺眼了就行，自己也不知道改动的尺寸。由此看来，大部分建筑师数字的概念非常淡薄。

空间感和尺度感是建筑师必备的基本素质，冬奥会上世界冠军王濛的一句激情解说"我的眼睛就是尺！"应该成为每个建筑师最自信的口号。所谓"感觉"，其实就是潜意识的"算法"，它基于大量积累的过往经验而自动给出答案。潜意识是自己不能察觉的，所以我们无法解释为什么会做出某种判断和行为，但结果经常是对的。它不是我们主观意识的行为，因为意识的反应速度太慢，但一次次主观刻意的训练都会写进潜意识，积累到一定数量时，就形成了潜意识，意识中的数据随之抹去，以腾出"内存"。这就是运动员、钢琴家、舞蹈演员、驾驶员所谓的肌肉记忆原理。有句话叫"天才就是刻意训练1万小时"就是这个意思。

建筑师在实际工程中能积累大量与实物对应的尺寸及空间关系，这些都是形成尺度感的原始数据，被建筑设计行业喻为"天书"的《建筑设计资料集》中的数据都是实践案例统计而来的，所以要想方案速度快，前期的数据积累是不可或缺的过程。"大数据"不是IT行业专有的，各行各业都需要积累自己的数据并做分析，为决策（设计是解决问题、做计划，也是决策）提供依据。

三、通过组织施工图设计，学会领导团队，向管理层发展

上一章我们讲过施工图设计是集团作战，除了各设计团队的配合，还要与外部各方面，如业主、运营、政府、施工、材料供应商等沟通协调，在此过程中建筑师起着导演的作用，要指挥各方面协调运作。不知你是否和我一样曾经有这样的疑问：为什么只有建筑专业设计人员称为"建筑师"，而其他专业都称为"工程师"？原因就在于建筑师在建筑的设计建造过程中的技术核心与管理核心地位（图3-3），因此主持人必须是建筑师。

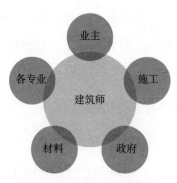

图 3-3　建筑师的核心地位

在《令人心动的 offer》第四季中，所有人对金子（李金颐）的领导力都印象深刻，这与年龄无关，虽然她是所有实习生中年龄最小的，才上大二，但每次任务她所表现出的主动担当都有种"魔力"，让比他大的哥哥们自愿服从。组织倾向是天生的性格，但组织能力和方法需要在实践中学习。金子有着很强的主动性和行动力，但开始她过于直接，就显得有些攻击性，也因此遭到过挫败，但她改变很快，随着一个个任务的磨合，她迅速成长起来，更加得到了团队的支持。

看着金子让我想起我刚工作时初生牛犊的状态。一方面主动好学、喜欢挑战、行动力强、求胜欲高，另一方面处事不灵活、不善于沟通。28 岁担当 20 万 m² 综合体主持人之一，听起来很让人羡慕，然而各种压力、质疑、嫉妒却在毫无准备的情况下扑面而来，防不胜防，曾经晚上躺在床上眼泪就会莫名其妙流下来……凭借天生"迎着困难上"的精神支撑，最终把施工图扛下来了。之后我辞职休整了一年时间，除了总结技术经验、写论文，同时也反省自己——需要提高沟通水平，于是我看了很多相关的书，多年后再次与前老板合作，他说发现我成熟了，而且对我当初坚持原则表示了肯定。经历了一个大项目当年的"革命战友"都成了好朋友，有机会合作的时候，褪去了青涩，但始终靠谱、仍然不断精进的我成了首要人选。过去的 5 年，我一直跟随著名管理心理学家鞠强教授学习 EMBA 课程，总共 30 多门，最近刚拿到了结业证书，看着证书我颇为感慨：这 5 年的学习使我脱胎换骨，人生重启，发生了巨大改变，如果当初我学过管理学、心理学、经济学、哲学，主持一个大项目肯定就不会那么被动了……

从建筑师到工程主持人，再到项目经理，是从技术岗位到管理岗位的跨越，管理比技术要求的综合能力更强、更全面，包括组织计划、表达沟通、控制应变、开拓创新等能力，还要有超越常人的行动力、抗挫力。工程主持人一定要由优秀的建筑师担当，这样才能服人；但不是每个优秀的建筑师都能成为好的管理者。战场是最好的选拔人才的考场，施工图设计这样的集团持久战也最能挖掘出一个管理人才的潜能，为其提供最肥沃的成长土壤。

小 结

（1）施工图设计是从学生作业走向实际工程的必经之路。

（2）通过施工图设计能够学会构造、积累数据。

（3）通过组织施工图设计，能够学会领导团队，向管理层发展做好准备。

思考题

1. 为什么经过施工图训练之后再做方案成功概率更大？

2. 你设想过将来的职业发展路径吗？是怎样的？

第二篇　怎么学

第四章　如何在施工图设计训练中快速成长

前面三章我们重点讲述了施工图设计训练的重要性及必要性，在正式开始训练之前，还有必要再强调一下学习方法，有助于事半功倍。总结下来就是"三多＋两心"，即多做、多见、多思，以及用心和决心。

一、在竞争中脱颖而出的学习方法

（一）多做

"先能胜任岗位工作才有可能获得岗位"是每个职场新人应该记住的真理。我们必须学会换位思考：如果你是领导，你会把一个看似具有"潜质"的毕业生放在专业负责人的位置上，然后去培训他一段时间，直到他能胜任吗？你可能会说"如果几年后这个毕业生离职或者发现能力不行不是白培养了！"所以，你必须要先展现出你的能力足够胜任，也就是已经做了专业负责人的工作，并得到认可，之后才有可能真正成为专业负责人。如果你经常以"不在其位，必不该谋其政"为借口，排斥"分外"的工作，那么晋升必定很难。

（二）多见

读万卷书不如行万里路，多见才能少怪，一方水土养一方人，也会产生一方建筑。建筑是三维的，看过再多书本上的案例都不如去亲身感受其空间，才能真正从建筑使用者的角度体会对建筑功能和内外环境的需求。

我常对学员说：建筑设计就是设计生活，建筑师必须善于观察生活、体验生活、思考生活，训练自己成为"生活家""万金油"。如果我不是平时注意收集许多正面的和反面的实例，突然有人请我讲课，临时去找肯定是来不及的。尤其是我拍摄反面案例时一定会思考：设计者是出于什么原因做出不合理的设计？如果我设计，如何去改进、优化？

（三）多思

学而不思则罔，作为生活空间设计者，决定着建筑的使用体验，即生活体验和情绪，必须能够独立思考、换位思考。一定要刻意培养独立思考的能力，老师也应特别鼓励与众不同的学生，提供创新的氛围。

（四）用心

学会原理，才能举一反三。创作有规律，规范有依据，知其然更要知其所以然，才能灵活运用。"多思"就是用心学习的一个重要表现。

（五）决心

一个朋友经常说，捷径一定是陡坡。没错，盘山路九曲十八弯就是为了减小坡度，登山距离最短，但需要勇气和智慧。突破舒适圈才能进步，总是待在舒适圈，结果只能是"卷"！想脱颖而出，恐怕就得走"捷径"了。所以一定要有挑战高难的决心，在工作中专挑别人不会做、不敢做、不愿做的，我做！然而"我害怕怎么办？"我想告诉学员，很多时候害怕只是黑箱效应的心理在作怪——因为不了解，所以以为很难，比如医院，我第一次参与就被认为是老手……所以，当你害怕难时，可以根据自己平时的相对心理状态，把你认为的难度打个六七折，可能更接近真实的难度。

视频详解：在竞争中脱颖而出的学习方法

二、分享我个人成长的经历

刚工作时同事都叫我"小沈"，有了一些工作经验并取得了一级注册和职称证书后，拥有了行业通用称呼——"沈工"，现在"沈老师"成了我的职业标签。

从"小沈"到"沈老师"，我做到了什么使我：刚工作就有德国公司想"挖"我，令合作的酒店管理公司刮目相看，第一次做医院项目被认为颇有经验，两个大型公共建筑项目老总审图惊叹于我一个人完成工作量之大，第一次直播讲课被退休教授称赞"很淡定"。

视频详解：从"小沈"到"沈老师"

第三篇　学什么

第五章 施工图设计预备知识

第一节 建筑专业施工图文件的组成

一、建筑专业施工图文件的组成

建筑专业施工图所有的文件内容包含文本和图纸两大部分，图纸部分包括总图、平面、立面、剖面、详图和其他一切必要的图纸，根据项目类型不同会有所差异。

（一）文本

1. 封面及目录

图纸目录主要提供根据图号查找图纸的功能，图号相当于书籍的页码，在图签中，图号的字体是最大最明显的，图纸之间索引通常只出现图号，所以需要查找目录确定图纸内容。

2. 设计说明、材料做法表及房间装修表

设计说明、材料做法表及房间装修表一般由工程主持人完成，在此只做简单介绍。

设计说明的内容包括工程概况、设计依据、经济技术指标、建筑功能、各专业技术方案概述、与施工相关的材料设备参数，以及标注图例说明等。

因为我国建筑师不能决定材料、设备的选择，所以设计说明内容相对简单，只能等到招标后，再与最终供应商协调、深化、修改，而无法一步到位，最终效果很难控制。但西方事务所的施工图设计"说明书"非常详细，可能有厚厚的几本，会

对每个材料及工艺细节进行详细描述，对施工控制力度非常大。

材料做法表是整体建筑各部位的构造做法层次的说明，通常按照部位，比如外墙、屋面、坡道、楼面等部位分类，列出几种不同的做法，用于不同功能要求。材料做法可以参照选用国家标准或地方标准图集上的成熟做法，也可以根据具体工程情况发明创新做法。对于施工图初学者，我特别建议即使选用图集的做法，也不仅是抄录一个索引号，而是把每一个层次做法都抄写一遍，抄的过程就是学习的过程，如果只是索引，根本不过脑子，永远也学不会构造，更不用说自己发明做法了。用心学习和应付差事结果会是天壤之别。

我国大部分设计院和项目的施工图只做到土建，因此没有房间装修表。但如果只做到土建，材料做法中的室内部分也就最多只是个意向。在中国银行总部大厦项目中，我们发现西方事务所施工图中有房间装修表，因为他们的建筑师要做到室内装修深度。这个表是所有房间内各个表面装修构造做法的索引，一般按照房间列表，便于核查室内做法是否交圈，对装修效果控制起到了重要作用。

视频详解：材料做法表和房间装修表举例

3. 总门窗表

每层平面图中应配有本层的门窗表，方便查找核对，将各层所有门窗表汇总形成一张总表，可方便造价预算工作统计工程量。

4. 文本的形式

我国习惯文本也写在图纸上，可以一起晒图，节约成本。这种做法如果是小工程 A2 图纸勉强说得过去，如果是大工程，文字写在 A1 甚至是 A0 图纸上，要趴在桌子上才能看清楚，翻阅非常不方便。我们上学时每遇到重要大考，老师是不是都会提醒，答卷一定要写得工整？因为如果字写得龙飞凤舞，难以辨认，给判卷老师的第一印象就会很差，像作文这种主观题很可能影响成绩。换位思考一下，如果你是甲方、施工方，看图的体验这么差，是不是会对设计方产生负面评价，觉得不专业？而且，CAD 毕竟是绘图软件，比起专门的文字编辑软件，长篇打字尤其是中文，速度慢、编辑繁杂，数字和字母样式大小还不统一，效率非常低。而西方事务所习惯把说明文字以 A4 纸打印装订成手册，这样不但打字快、格式统一、编辑容易，还方便翻阅，更能凸显工作量和价值，显得专业大气，值得我们借鉴学习。

我们总是抱怨建筑师没地位，其实很多时候是工作方法和习惯还停留在以前，没有客户服务意识，为了偷一点懒、省一点纸，造成客户的不信任，反而得不偿失。

（二）总图（场地设计）

1. 总图不等于总平面

我们设计单体建筑都会画总平面，但是这里讲的"总图"并不是"总平面"的简称，而是完全不同的两个概念。总图是一个专业，前面章节我们讲过"总图设计"的叫法多见于工业建筑，民用建筑一般称为场地设计，即"修建性详规"，本质上是微型规划。总图设计就是组织、安排场地中各个构成要素之间的关系，包括主体建筑、道路、绿化、竖向、管线等。总平面只是总图设计内容中表示总体布局和建筑定位的其中一张图，所以一定要明确一个概念——总图不等于总平面。

2. 总图的内容

总图设计包括 7 大项内容：场地设计条件分析、场地总体布局、交通组织、绿化景观布置、竖向布置、管线综合，以及技术经济分析。

总图施工图设计文件包括总平面、道路竖向布置图、场地竖向布置图、场地排水图、管线综合图、交通组织图、绿化景观布置图，以及土石方计算、挡土墙设计、道路设计、围墙设计等。

（三）平面

1. 首层平面

当下绝大部分施工图中的首层平面图都是不合格的，原因在于省略了周围的环境。首层连接着室内空间和室外环境，和其他层的性质不同，有重要的交界信息需要表达，如室内外高差、台阶、坡道、对外出口、地下室出地面的竖井和出口、道路与外墙交界面等，因此绝不能省略环境。

首层平面其实和总平面的画法是一样的，但是因为比例不同，同样大的图纸上，首层平面包含的室外环境内容比总平面要少，所以首层平面可以看作是放大比例的总平面。

2. 其他层平面

除了首层，其他层平面包括地上和地下各层，只需要表达建筑部分，地下室平面应带上红线和建筑控制线，并包括地下车库坡道部分。

3. 屋顶平面

屋顶平面需要单独表达，屋顶上的信息量非常大，集中了楼梯出口、水箱间、电梯机房、出屋面风道、透气管、擦窗机轨道、设备基础等，还可能有屋顶绿化，标高变化也比较复杂。

4. 各层防火分区平面

防火分区平面在方案中是没有的，在施工图中，由于机电专业的消防设计都是以防火分区为单位进行的，所以建筑师划分的防火分区是消防设计的重要底图，防火分区变了，建筑、机电专业的防火墙、防火门、防火阀、相关管线等都得跟着变。

5. 本层门窗表

每层平面图中附带本层门窗表，是为了方便核对表中的信息与门窗号是否对应。施工图中的修改比较多，与方案相比，设计深度更深、参与专业更多，每一处修改牵扯的面也更多，难免出现相关信息不能及时更新的情况。所以，应经常核对并及时通知相关人员，有效的协调措施和良好的绘图习惯能最大限度地减少修改不交圈的情况出现。

6. 详图索引

平面的比例通常在 1∶200~1∶100，很多细部尺寸无法标注，必须单独拿出来用更大比例绘制详图，如楼梯、卫生间、电梯、坡道、客房等，这些详图的索引需要表示在平面图中。需要注意的是，有详图的部分，平面中就不需要再标尺寸了，否则详图就没有意义了。

（四）立面、剖面

1. 各方向立面

一般来说，立面都是平面投影的，至少应有四个方向立面，对于一些异型平面或曲线平面，可能还需要绘制立面展开图，以便标注真实尺寸。

2. 所有必要位置剖面

剖面的剖切位置选取非常重要，一般简单形体至少也要包括沿建筑长轴和短轴的两个剖面。什么是必要位置呢？——高差变化较大处，这是剖面的意义所在，就是为了更直观地反映室内或室外的高低变化。记得我实习时，有一天上班突然发现，办公室里专门看图的大长桌上摆了一个巨大的模型，像一艘船一样，同事进门看到惊呼："这得画多少个剖面啊！"

很多建筑师常常为了逃避困难，专挑没有高差变化的地方剖，但"躲得过初一躲不过十五"，少画一笔、少剖一个位置，许多需要考虑的结构、构造问题就反映不出来，施工图中交代不清楚，到了专业配合或施工现场总是会暴露出来，到时有些已经无法修改，就很被动了。其实，画图本身就是思考的过程，没有一笔是多余的。比如借助于计算机可以无限放大的优势，在剖面上把外墙的构造轮廓交代清楚，将给后期的外墙详图带来很大的便利，而且工作越早做就越主动。设计落地最终是实现建筑师的意图，我们有责任和义务将思想表达清晰，其他人无法代替。

施工图的剖面对于毕业生来说有一定难度，需要结构概念清晰并熟悉构造做法，所以虽然是方案的深化，还是需要下一些功夫的。

3. 剖立面

对于有内院的建筑，为了表达内院一侧的立面，就需要画剖立面，内院的立面相当于一个剖面的可见部分。以下是我做的天津港口医院门诊层平面及通过诊室内院的剖立面（图 5-1），内院的立面只能通过剖面展示。

4. 外墙（墙身）详图索引

多数详图的索引都会表示在平面上，但外墙墙身的索引在立面表达更清晰，因为可以看到沿整体外墙高度上的立面变化，方便与详图核对。

（五）详图

1. 大量的新增图纸

总图、平立剖面在施工图中都是深化，但详图是完全新增的内容，而且是大量的。虽然图纸是新增的，但设计不是到了施工图才开始。例如核心筒，如果是有施

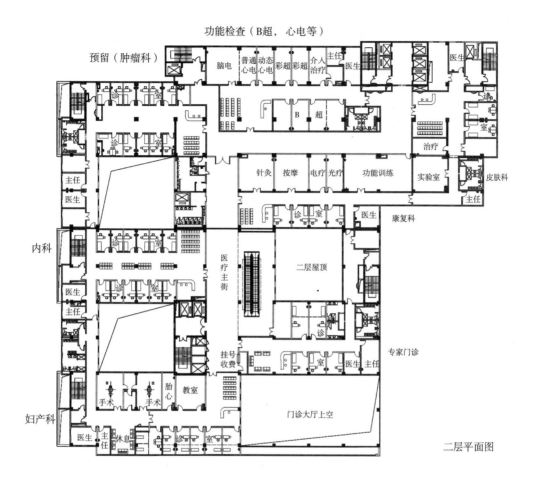

功能检查（B超，心电等）

预留（肿瘤科）

脑电　普通心电　动态心电　彩超　彩超　介入治疗　主任　医生　医生　诊室

B　超　治疗

主任　医生　针灸　按摩　电疗　光疗　功能训练　实验室　皮肤科　主任

内科　诊室　医生　康复科

医生　主任　医疗主街　二层屋顶　诊室　专家门诊

挂号收费　诊室　医生　主任

妇产科　手术　手术　胎心　教室　门诊大厅上空

医生　主任　休息　诊室　二层平面图

图 5-1　天津港口医院门诊层平面（上）及剖立面（下）

工图经验的建筑师做方案，一定会预留机电管井的面积，也会考虑到结构墙体可能的厚度变化和开洞限制，电梯井尺寸能满足多个厂家，疏散楼梯间的宽度、踏步、开门等直接能满足规范，虽然不需要画详图，但是到了施工图阶段其他专业介入后不会有大问题。而如果是毫无经验的毕业生，很有可能到了施工图阶段发现核心筒的面积不够，要占用其他房间的使用面积，比如高层或超高层办公楼，那些可都是方案阶段甲方认为的销售面积啊，哪能轻易出让！

2. 种类

（1）楼梯、电梯、自动扶梯、汽车坡道等垂直交通。

（2）卫生间。

（3）门窗。

（4）外墙墙身。

以上是各类建筑都需要的详图，另外还要一些特殊详图，是一些特殊类型的建筑需要的，如变形缝、人防口部、客房、泳池、雨篷、病房等。

（六）其他

对于一些比较复杂的工程，还有可能根据需要增加一些特殊图纸，比如不规则、复杂平面的局部轴网图、大型平面切块图等，不尽相同，但目的都是为了将设计意图表达清楚。原则就是因比例所限无法在一张图上描述时，就进行分拆，直到看清楚为止，形式可以灵活多样。

视频详解：特殊类型图纸举例

这样复杂的工程通常施工图初学者暂时接触不到，感兴趣的读者可继续学习视频内容。

二、建筑专业分工

前面我们介绍了建筑专业施工图有那么多类型的文本及图纸工作量，这些工作应如何进行分配呢？通常要根据项目规模、岗位责任、图纸难度和协调程度进行分配。对于初学者，通常会被分配画详图，尤其是楼

视频详解：建筑专业施工图文件分工

梯、卫生间、门窗这些相对简单和基础的详图，所以这些详图的设计要点和制图标准是本书的重点内容。

小　结

（1）建筑专业施工图所有的文件内容包含文本和图纸两大部分，图纸部分包括总图、平面、立面、剖面、详图和其他一切必要的图纸。

（2）建筑专业分工根据施工图文件的重要性和难度进行分配。

作业

翻阅一套实际工程的建筑施工图：

1. 列出其文件组成。

2. 根据图纸目录和详图索引，分别找到楼梯、卫生间、门窗及外墙详图。

第二节 图签及岗位责任

一、认识图签

（一）图签是图纸的身份证

我们作为某个国家的公民，都有唯一的身份识别证件——对内是身份证（每个国家称呼略有不同），对外是护照，人和证件必须是一一对应的。类似地，商品、设备上也会有条码、铭牌作为其信息属性识别的唯一依据。

施工图是施工的唯一依据，每张图纸上除了设计的内容以外，还有唯一的标签——图签，上面注明了项目工程、图名、图号、设计人等信息。

图签主要有以下几个作用：

（1）识别图纸信息。

（2）检索、查询图纸。

（3）设计人责任追溯。

（二）图签形式

图签的形式大致可以分为中式和西式，随着时代发展，各个时期的图签反映了设计制度的变迁。

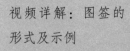视频详解：图签的形式及示例

（三）图签栏目

图签是每个设计单位自己设计的，没有统一格式，同一个单位有时也会根据项目特点，专门定制图签。一般来说，都会包含以下几个主要信息：

（1）单位信息（甲方、各设计方、资质证书等）。

（2）项目与工程信息（项目名称、工程名称、工程号等）。

（3）图纸信息（图名、图号、比例、版本、日期等）。

（4）设计人员签名。

（5）各专业会签。

（6）盖章处（盖章有效）。

（7）其他（通用注释、版本更新、总图楼栋示意等）。

要特别提醒注意的是，只有加盖公章和注册章的蓝图才是施工的依据，签名的设计人和盖章人要承担设计责任，没有盖章的图不具备法律效力，施工单位不能用没有盖章的图纸进行施工。

二、工作岗位与签名责任

（一）图纸责任

图纸责任分为三级：设计制图——校对（也有称为"校审"）——审定。校对只负责图纸尺寸标注是否正确，是否交圈，不负责方案方面的问题。审定要负责设计上方案性的问题。比如防火疏散门采用1.2m的双扇门不合适，这个由审定来确定，而不是校对。另外，注册建筑师盖章既可以是审定，也可以是主持人。

（二）项目责任

项目责任同样分为三级：专业负责人——主持人——项目负责人（或者称为项目经理）。对建筑专业来说，主持人就是专业负责人，对于其他专业来说，主要对接建筑的就是专业负责人。当项目比较大的时候，为了给年轻人多一点业绩，我们会把主持人和专业负责人分写成两个人，其实总负责还是主持人。年轻人能够签到专业负责人，可获得更多的锻炼机会来参与专业配合以及对外沟通。

主持人一定是建筑专业，在民用建筑领域，建筑专业是龙头，通常也是技术的总负责人。一般来讲，基本不参与项目运营，通俗地讲就是不管钱。而项目负责人或者项目经理一般是要管钱的，是项目主要运营者，类似电影制片人，是一个对外的接口，主要负责合同、财务、外联等对外协调。

（三）签名责任

设计院的薪酬分配依据之一，是根据项目图签上的签名位置。当我们在图签上签名的时候，就是项目出图完成的时候，内心的兴奋和成就感油然而生。签名栏目位置的升级，不仅意味着薪酬的增加，更意味着在项目中的地位更高、责任也更重了。所以建筑师应懂得：一方面，我设计、我负责、我签名；另一方面，如果不认可图纸内容或不应承担相应法律责任，也不要轻易签名。

三、为什么要会签？

（一）什么是会签？

会签不是在自己专业、自己设计的图纸上签字，而是在其他专业的图纸上签字。为什么要这样做呢？

1. 专业间图纸信息交叉

施工图设计中，其他专业的工作都是以建筑方案为基础，都是为建筑专业服务的，所以首先他们的图纸中都有建筑专业的信息，建筑图的变动，将导致其他专业设计的变动；其次，其他专业的深化设计内容，建筑图中也会有所体现，比如经过计算的结构柱径、墙板厚度、机电管井位置和尺寸、消火栓、散热器、吊顶布置等。所以，专业图纸信息存在交叉。这种交叉不是多余，而是为了保证在分工推进设计的同时，不遗漏其他专业的限制条件，密切合作。

例如楼梯详图，主要是建筑和结构之间的配合，结构专业根据建筑图计算完梁、板尺寸反提给建筑，建筑要根据结构尺寸修改。如果觉得结构梁太高或位置不合适，也可以跟结构协商，是否可以改动尺寸或干脆改成厚板。经过一两轮配合后，双方确认无误不再修改，各自打印，出图时还要再次互校，核对建筑标高、完成面尺寸是否一致，之后在对方图上签名，证明已经核对过了。

在施工的时候，工地会根据专业图纸施工，而没有义务替设计单位核对图纸。但是当遇到问题时，常常会找到相关专业图纸，"抽查"信息是否一致。可以想见，如果经常被发现图纸不交圈，设计单位在施工单位面前的信誉将会如何？很遗憾，这种情况现实中非常普遍，所以设计好坏，到了工地一定会一览无遗。

2. 会签制度是为了保证专业图纸交圈

签字意味着责任，会签制度要求在其他专业图纸上签字，强制核对其他专业图纸中的本专业信息，确认无误，以确保不同专业图纸能够交圈。

例如一张办公楼的吊顶平面图，集中了建筑、电气、暖通、给排水四个专业的信息，一般是建筑专业先设计分格，并根据其他专业的基本要求布置灯具、风口、喷淋、烟感等，再提供给其他专业审核各自专业的信息，如果需要修改，各专业就

坐在一起互相协调、妥协，得到大家都认可
的一张布置图，最后各专业会签。

（二）什么是"交圈"？

视频详解：会签举
例：吊顶平面图

1. 什么是"交圈"？

交圈是一种形象比喻，即不同图纸反映的同一信息，应具有唯一性、一致性。比
如一条水平线脚是围绕建筑一周的，如果正立面的标高是 3.6m，而侧立面的标高却
是 3.5m，也就是线脚在转角处不能闭合，即没有交圈，如果二者标高一致，就是交
上圈了。

除了立面分格线，还有玻璃幕墙开启扇与非开启扇窗框标高、立面与剖面上的
标高、建筑与结构专业的柱径及结构标高、建筑与机电专业在住宅里的散热器、配
电箱、地漏布置等诸多细节设计都很容易出
现专业内部或专业之间交不上圈的情况。最
需要各专业充分沟通协调、保证交上圈的就
是我们常说的"管线综合"，比如吊顶内部、
居住区外线等。

视频详解：什么是
"交圈"

2. 为什么会交不上圈？

现实的工程中经常会交不圈，可能有以下几方面的原因：

（1）画图的问题。

建筑是三维的，但图纸是二维的。比如长度信息在平面和正立面上是重合的，
但平面上无法表示高度，而高度在正立面、侧立面和剖面上信息是重合的……这就
需要建筑师具有很强的空间能力，一方面要把三维数据"压"进二维平面，另一方
面头脑中又必须时刻想着二维图中不能表现的数据和二维图纸中的关联，一张图纸
中的一个数据变了，可能会影响图纸中没有的数据也跟着变……比如前文我举过层
高变化引起一系列修改的例子，层高如果变了，建筑师要立刻想到立面、剖面都要
变；楼梯详图、坡道详图、电梯详图这些跟高度有关系的都得跟着改；结构的荷载、
柱和墙的尺寸都要发生变化；机电的空间是否仍然满足要求……无论哪张图纸有变
化，头脑中始终要以一个完整的三维图像呈现出建筑全貌。

（2）图纸的反复修改。

我们讲过施工图阶段修改是很正常的。修改的时候很有可能改了立面没改平面，

或者是改了平面忘了改详图，都是经常会出现的。

（3）项目设计过程中频繁换人。

接手的不了解前任各种修改的过程，尤其是如果前任修改习惯不好，比如只改硫酸图上的尺寸数字而不改电子图，特别容易造成交不上圈。

这里要特别强调，图纸的尺寸是不可以度量的，读者务必要有这个概念。和方案不同，施工图尺寸不能随意改，因为施工图是指导施工的，施工唯一的依据就是图纸上标注尺寸的数字，工地不能用比例尺去量图纸。如果比例尺量的结果是 2.4m，图纸上标的尺寸却写着 3.4m，那就要以 3.4m 为准。所以有时候我们急于交图就会先把数字改掉，虽然看上去比例是不对的，但还是要以数字为准。这种画图的习惯是不好的，不能只改尺寸。如果实在来不及，可以先在硫酸图上刮掉，但是事后一定要在电子版上改过来，一定要养成一个改图的好习惯，否则无论是在自己多次反复修改的过程中，还是在与其他人交接的时候，都会非常混乱。

（三）如何避免交不上圈

1. 如何避免专业间交不上圈？

既然建筑专业是主持人、龙头，专业配合过程都是建筑先提条件图，我们就可以将其他专业指导性信息标在建筑条件图上。比如在住宅设计的细节上，在标高标注的表示法上都可以巧妙利用图纸语言与专业有效沟通、指导和控制，避免口头传达中信息的误解和遗漏。

视频详解：如何避免交不上圈

2. 如何避免自己专业交不上圈？

除了专业间，各专业内部图纸也会出现交不上圈的情况，尤其是建筑，平面和立面对不上、平面和详图对不上、剖面和立面对不上、剖面和外墙详图对不上等，都很常见，这些源于各方面多次修改、专业配合不到位、负责人变更等。所以，打印出来签字之前要有三道校审关：自己校对，他人校对，以及审定，层层把关才能盖章，以最大限度减少错误。

小　结

（1）图签是图纸的身份证。

（2）图签上的签名意味着岗位责任。

（3）专业间通过相互核对图纸，进行会签，确保信息交圈。

❓ 思考题

1.在施工图上盖注册建筑师章的设计人对应图签哪个签字栏？

2.会签的作用是什么？

第三节　构造原理一点通

尽管学校里都有建筑构造课程，但是只听课看书一方面会感到很枯燥，另一方面由于在校期间几乎没有机会接触实际工程，更难得去到工地看实物，也无法真正理解构造的意义。

什么是构造？为什么要学构造？构造做法可以自己发明吗？相信大部分毕业生、实习生都是一知半解。

要学会构造第一必须结合实践，第二必须明白原理，才能举一反三。如果仅仅靠自己翻阅图集，看到那么多眼花缭乱的做法，很可能加剧你对构造的恐惧。本节就将带你深入构造的本质，当你真正明白构造原理之后，一定会豁然开朗！

一、构造概述

（一）生活处处有构造

如果你善于观察生活，会发现无论是我们人体本身的关节，还是衣服扣子、拉链、戴的项链、口罩，或是各种生活用品，如挂钩等都充满了奇妙的构造设计。

视频详解：生活处处有构造

（二）建筑构造的定义

> 建筑构造就是研究如何将各建筑构件、配件组装起来，同时在连接部位（节点）满足保温、防水等物理特性，并且具有一定装饰性。

例如中国古建筑中的斗拱，就是非常典型、精妙的构造设计（图 5-2）。斗拱是一个具有功能和装饰双重作用的媒介，将屋面出檐和檐柱连接在一起。其功能是通过斗拱自身的组件一层层出挑，承托住巨大屋顶在檐口部位延伸所产生的力量。同时，作为檐口设计的一部分，斗拱不仅自身形态优美，在造型、组件尺度、彩绘上与檐口的椽子、檩条、额枋等都十分协调。

西方古典建筑中的柱头与斗拱有着异曲同工之妙。

图 5-2　斗拱

（三）连接方式

建筑构造的连接方式有两种：一种是两种材料直接连接，榫卯结构就是最典型的，又比如钢筋的焊接（图 5-3）也是一种直接连接。另一种是两种材料通过第三种媒介进行连接，这种连接方式是最常见的。比如干挂石材，石材通过龙骨与墙面连接；钢筋的绑扎（图 5-4），其与焊接不同，要通过钢丝进行连接。下面讲到构造做法设计原理时还会举更多实例。

> 建筑构造的连接方式有两种：一种是两种材料直接连接，另一种是两种材料通过第三种媒介进行连接。

图 5-3　钢筋焊接　　　　　　　　　　　图 5-4　钢筋绑扎

二、构造做法设计原理

（一）构造层次

1. 适用范围

适用于建筑内外装修所涉及的各种表面，从结构基层过渡到装修面层包括以下构造层次设计。

外装修：外墙、屋面、台阶、坡道等；

内装修：地面、楼面、内墙面、顶棚、踢脚、墙裙、楼梯等。

2. "工程做法"图集

国标及各种地方标准中的"工程做法"图集提供的就是各种表面的装修构造层次做法（图5-5）。

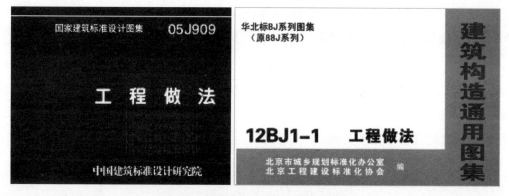

图 5-5　国标及华北标工程做法图集

3. "三明治"法设计思路

所谓"三明治"法，就是在装修面层和结构基层之间，找到若干过渡的中间层，使装修面层能牢固地与结构基层结合在一起形成一个三明治似的整体。

其中，面层即装修面，是装修材料；基层是结构层，可能是混凝土、砖、木等。最关键的就是中间层，可以是一层或多层，都是功能性的，具有防水、保温、找坡、找平、粘结等作用，使基层逐渐过渡到面层。

视频详解："三明治"法构造层次设计

以下是一个带防水层的防滑地砖楼面做法实例（图 5-6）。

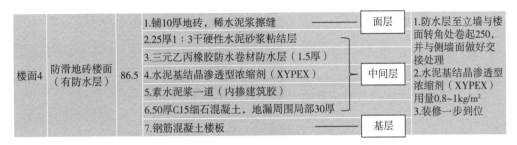

楼面4	防滑地砖楼面（有防水层）	86.5	1.铺10厚地砖，稀水泥浆擦缝	面层	1.防水层至立墙与楼面转角处卷起250，并与侧墙面做好交接处理
			2.25厚1：3干硬性水泥砂浆粘结层		
			3.三元乙丙橡胶防水卷材防水层（1.5厚）	中间层	2.水泥基结晶渗透型浓缩剂（XYPEX）用量0.8~1kg/m²
			4.水泥基结晶渗透型浓缩剂（XYPEX）		
			5.素水泥浆一道（内掺建筑胶）		3.装修一步到位
			6.50厚C15细石混凝土，地漏周围局部30厚		
			7.钢筋混凝土楼板	基层	

图 5-6　防滑地砖楼面做法实例

（二）找到合适的媒介固定

1. 什么是合适的媒介

"媒介"就是能够连接结构基层与装修材料的第三种（组）配件。例如膨胀螺栓（胀管螺丝）、各种金属预埋件、预埋木砖等。

2. 结构基层的要求

为了将媒体牢固于结构基层，结构体必须能够受力。比如混凝土柱、楼板、墙本身就能够直接受力，各种媒介可以直接固定在上面；如果是空心砖，本身不能直接受力，可以采用灌注混凝土使其变成实心砖的方法。

视频详解：什么是合适的媒介

3. 举例

坡屋面、门窗、栏杆、扶手、固定家具和洁具、吊顶、架空地板等构造方式都是利用媒介作为中介进行设计的。

视频详解：媒介连接构造设计举例

（三）从功能反推

变形缝、外保温外墙、泛水等部位的构造设计，可通过该部位要实现的物理功能，比如伸缩缝的盖板要具有伸缩变形量，

视频详解：功能反推构造设计举例

保温层应该在外墙外侧，防水要避免朝天缝等进行反推，结合构造层次的原理进行设计。

三、构造怎么学

（一）图集是实践中总结出来的

1. 建筑师在施工图设计中的一项主要任务就是研究节点构造

在没有图集的时候我们的前辈是怎么设计构造的呢？都是在实践当中总结出来的。所以学习构造要多实践，不能只是索引图集，哪怕是抄，也要自己画一遍。建筑师在施工图设计当中一项非常重要的内容，就是研究节点，因为构造做法是最终决定一个方案能否实现、能否落地的关键。方案造型再好看，如果没有办法把它变成现实，方案就永远只是一张纸。

2. 图集具有时间局限性，常落后、常有错

长时间的实践总结出来的图集要成为设计标准是需要时间的，在这个漫长的过程当中，技术、材料不断推陈出新，所以标准图集一定是有时间局限性的，也经常会落后、会出错。比如地下室防水做法中的止水带是一种标准做法，但实践当中基本上不管用，挺高档的小区也同样会外面一下大雨，地下车库就水流成河；再比如窗洞口处窗台的做法，图集中一些标准就出现了朝天缝，违背了前面我们所讲的防水做法的原则。

视频详解：防水标准做法错误举例

（二）构造可以自己发明

新材料的发明，包括面层装修材料，防水、保温等功能性材料以及媒介材料，必然会催生相应的新做法。20 世纪 70 年代，我父亲在毛主席纪念堂项目中不但发明构造做法，还自己设计媒介构件。只要真正掌握构造原理，清楚要实现的功能目的，就可以举一反三，自己发明创造。

视频详解：新材料催生新做法举例

（三）收集厂商样本

我在设计院工作的时候经常有一些厂家来到办公室推销材料，刚开始我不知道该如何与他们交流，后来有了一定施工图经验后，就知道了可以问他们一些诸如"什么项目用过？""产品有什么优势？""价格是多少？""和其他的同等材料相比有什么区别？"的问题，还可以让销售员留个联系方式，将来等项目材料招标的时候通知他，这样就可以把样本留下来，最好还能连带厂家自己的构造做法图册——这是我们学习构造非常重要的教材，而且厂家的内部图集往往都是最新的技术，对我们学习构造和做设计是非常有帮助的。现有图集从发现过时到作废，可能已经过去了十几、二十年的时间。

（四）照图集自己画一遍

刚刚提到学习构造要多实践，不能只是索引图集，哪怕是抄，也要自己画一遍，因为只有动手才能强迫自己思考，在头脑中留下印象。反复模仿加上思考原理，就是刻意训练，这样才能形成记忆，经过一定量的积累，就形成了潜意识中的自动行为，也就是变成了自己的能力。

（五）多去工地

有机会的话尽量多去工地看一些实际的东西，拍拍照片，因为书上画的图毕竟是平面的，一定要亲眼去看真实的东西，才能形成立体的、完整的、交圈的印象。另外，工地上采用的材料、做法就是现实中正在使用的，闭门造车的设计很可能是脱离实际的，拿到工地上会被笑话的，这样如何能给施工方树立威信呢？

（六）观察生活

"生活处处有构造，生活处处有设计"，我们很多的灵感都来自于日常生活。比如我家里安装阳台外窗护栏时，我就在想：室外安装场地恰好是公园的草地，车辆无法进入，他们将如何把护栏从地上提升到安装高

视频详解：生活中的构造设计举例

度呢？后来看到施工的师傅自己发明的机械很有意思，这个机械就是一种构造设计，是他们在实践中遇到问题之后，解决问题的发明。

小 结

（1）建筑构造是研究如何将各建筑构件、配件组装起来，同时在连接部位（节点）满足保温、防水等物理特性，并且具有一定装饰性。

（2）构造做法设计：可以将两种材料直接或通过第三种材料连接。

（3）图集具有时间局限性，构造做法可以自己发明。

思考题

1. 什么是构造？请举出生活中的实例。

2. 什么是建筑构造？请举例。

第六章　上班第一项任务——详图设计

实习生学习施工图设计一般都是从详图开始。详图相对于整体工程而言比较独立，受整体修改变动影响比较小，而且专业配合难度也最低，所以从详图开始学习可以从易到难、循序渐进。另外，由于需要增加详图的细部，如卫生间、楼梯、门窗、外墙等，是所有建筑共有的内容，有句话叫"平面就是楼梯、厕所"，意思就是掌握了这些通用设计，相当于掌握了平面功能的关键模块，对将来提高方案设计的速度和质量都有极大的益处。

第一节　卫生间详图设计

一、卫生间设计普遍错误

详图中最简单的就是卫生间详图，虽然已经是最简单的局部，但实际工程中仍然是错误百出，可见正如前文所说，大部分建筑师并没有用心设计，而只是将其当成一项画图的任务。于是，国内现实生活中，几乎很难找到没有错误的卫生间设计，广大建筑师也麻木了，以至于见怪不怪，出现错误反倒成了正常。诸多典型的卫生间错误包括：

（1）拿手纸易闪腰。

（2）镜前灯照不到脸。

（3）毛巾无处安放。

（4）尴尬的台上盆。

（5）"玻璃隔断 + 帘子"，看是不看？

（6）洁具分家——错误的"干湿分离"。

（7）一览无余的公共卫生间是以人为本吗？

（8）无障碍卫生间障碍重重。

每个建筑师既是设计者，又是使用者，不知道读者自己是否也遇到过以上设计，会做何反应？是和普通人一样抱怨"这是怎么设计的？""做设计的自己不用吗？"……还是麻木无感默默适应了？如果作为职业建筑师不得不在一个小小的卫生间上大做文章，用来刷存在感的话，必须该好好反省了：到底什么是好设计的标准？你是不是在逃避建筑设计中许多更为复杂而亟待解决的问题？

由于错误案例太多，随手就可以收集很多，这里我只挑选了一些特别典型的案例进行分析。

视频详解：卫生间错误"大赏"

二、卫生间人体尺度

卫生间面积相对来说比较局促，一般都是够用就好，刚刚能放下需要的洁具即可。所以，对人体尺度的把握是设计好卫生间的关键——尺寸正好不浪费，用起来又得方便，可谓方寸见功夫。前面所列举的错误都是因为设计者对人体尺度不熟悉所导致，最终造成使用不便，甚至使人非常尴尬。一些关键尺寸必须能倒背如流，比如：

（1）马桶相关。与侧墙的距离、拿到手纸的距离范围等。

（2）洗脸盆相关。高度、进深、人洗脸时占用的空间、镜子位置等。

（3）各种洁具的尺寸及彼此之间的净距、人的通行距离。

（4）淋浴间最小尺寸及比例、莲蓬头位置等。

（5）浴缸最小尺寸、肥皂盒位置、拉杆位置等。

（6）卫生间隔间相关最小尺寸、门开启方向和影响、走道通行距离等。

由于卫生间面积几乎没有一点富裕，所以是检验人体尺度是否过关的最好考场。如果读者在大学里没有学过，或者学得不够扎实，建议一定要自行补上这一课。

人是万事万物的尺度——这才是"以人为本"的真正内涵。从家具、室内，到建筑、城市的尺度都是基于人体尺度推导出来的。因为人的尺度变化不大，所以建筑的尺度、体量浮动范围也有限。人体尺度是学好建筑设计，尤其室内设计必须熟练掌握的基本功；是建筑画与建筑图的区别所在，也

视频详解：卫生间人体尺度

是建筑方案能否落地的关键所在。建筑师做方案时只有心中有"数"，才能速成，设计数据的积累也是从人体尺度开始的。

三、卫生间平面布置形式

无论是学生作业还是实际工程，做方案时，除了住宅，公共建筑卫生间经常只是画个方块，写上"WC"，不会布置平面，深度上也过得去。但是到了施工图详图的时候，不但要布置平面，还得标注尺寸。所以虽然是施工图中最简单的详图，其设计也是颇有技术含量的，如果学得扎实，对方案快速设计将有很大帮助。而且，学校里很少讲一些细部设计，但设计"以人为本"不应该是空喊口号，恰恰应该体现在细节里。

"麻雀虽小五脏俱全"，这句话形容卫生间设计再合适不过了。别小看几件洁具，从平面布置不仅可以一眼看出设计人对人体尺度是否熟悉，还能反映出其是否有生活和社会经验、逻辑是否清晰。

（一）洁具数量优先级

首先，我们要了解最小卫生间的标准，以住宅里能够满足洗浴功能的卫生间来说，应该至少具备手盆、马桶、淋浴或浴缸三种洁具（图6-1）。

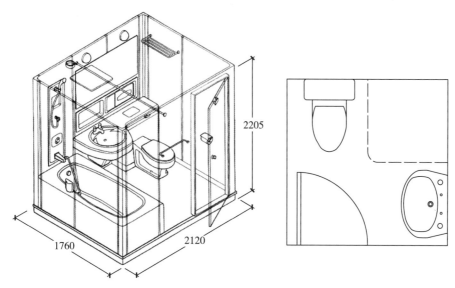

图6-1 最小卫生间洁具配置

随着建筑等级提升，比如不同等级的旅馆、公寓，甚至官邸、皇宫，卫生间面积会随之增加，洁具种类和件数也跟着增加。那么应该优先增加哪个呢？应明确面积和洁具增加的目的是为了不同洁具能同时使用。根据这个目的，就要按照使用频率越高越优先的原则增加洁具配置，具体如下：

（1）两个手盆＋马桶＋淋浴或浴缸。

（2）两个手盆＋马桶＋淋浴＋浴缸。

（3）两个手盆＋马桶＋淋浴＋浴缸，且马桶、淋浴带隔间（图6-2）。

（4）公共卫生间增加化妆台或化妆间（如旅馆宴会厅卫生间）。

（5）特殊地区（如中东沙漠地区）：马桶＋净身盆（图6-3）。

（6）极高等级旅馆总统套房或豪华住宅、公寓、官邸、皇宫的主卧室，男女主人各一套卫生间，每套卫生间都是最高配置，即两个手盆＋马桶＋淋浴＋浴缸＋化妆台，且马桶、淋浴带隔间。

关于净身盆也许读者比较陌生，首先它不是必备的，也不是高等级的象征，而是地域习惯，比如中东沙漠缺水的地区会采用。但随着经济发展，已经产生了各种替代方式，比如日本的马桶盖，或者在马桶边安装一个小型带软管的冲洗小花洒，所以净身盆也越来越少见了。

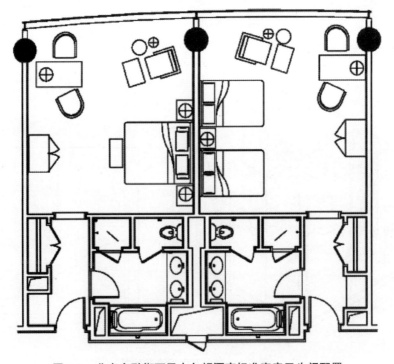

图6-2 北京金融街丽思卡尔顿酒店标准客房卫生间配置

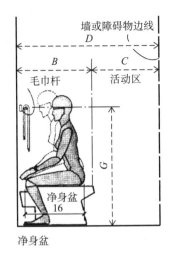
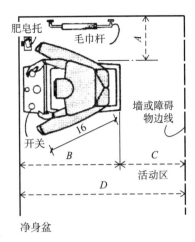

图 6-3 净身盆

（二）大面积卫生间布置的章法

当卫生间面积增大时，大部分平面布置就显得凌乱、缺乏章法了（图 6-4），这与思维逻辑、生活见识、工程经验都有关。

大卫生间最常出现在独立住宅、高级公寓或豪华旅馆套房中。

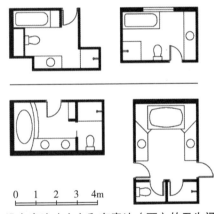

图 6-4 没有章法（上）和有章法（下）的卫生间布置对比

1. 住宅主卧卫生间

要想设计好主卧卫生间，首先必须刷新我们对主卧固有的、错误的认知——主卧不仅仅是比次卧大一点点面积，或附带一个卫生间，主卧室是男女主人两个成年人的卧室，按照 20 世纪 50 年代苏联专家的建议，至少不应小于 $17m^2$（现有大部分商品房都尚未达到此标准）；从近代的上海到西方大部分中产独立住宅和公寓的主卧室数据统计上看也都在 $20m^2$ 左右。请注意，这里所讲的面积仅是指睡眠区，不包括卫生间和衣帽间。而卫生间和衣帽间的面积之和应不小于睡眠区面积，由此可推断主卧卫生间面积应在 $8{\sim}10m^2$，与我国现有很多商品房

视频详解：住宅主卧大卫生间实例

的次卧室差不多。难怪装修改造电视节目那么火，确实满足了广大群众"希望通过花少量装修的钱来扩大住房面积"的心理。

2. 旅馆客房

豪华旅馆套房，从普通两套间、行政套房到总统套房，按照不同级别要占到2~5个柱网开间，其中卫生间面积要占到0.5~1间客房的面积，或一个柱网开间，和住宅主卧卫生间标准相同。

视频详解：旅馆豪华套房卫生间实例

我选择了多个日本设计资料中的豪华旅馆套房案例进行分析，日本设计案例和资料集最大的优势是图纸有比例，制图规范清晰，特别适合初学者参考。

3. 大卫生间的设计章法

通过视频中大量的案例分析可以发现，大卫生间平面布置的章法多遵循"周圈、对位"的原则，充分利用边角，未发现洁具分家的设计。

四、公共卫生间洁具数量计算

办公楼的标准层一般不超过一个防火分区，且卫生间使用时间比较分散，一般按照2个厕位考虑，女卫生间可适当增加至男厕位的2倍。

需要计算洁具数量的主要是人员密集场所的公共卫生间，如影剧院、体育馆、火车站、机场等，这些场所人流大，使用卫生间时间相对集中，可参照以下标准计算（表6-1~表6-3，选自《城市公共厕所设计标准》(CJJ 14—2016))，并适当甚至加倍增加女卫生间的洁具数量。

表6-1　影剧院、体育馆、展览馆等卫生间洁具数量参考

设施	男	女
坐位、蹲位	250座以下1个，每增加1~500座增设1个	不超过40座1个；41~70座3个；71~100座设4个；每增加1~40座增设1个
站位	100座以下2个，每增加1~80座增设1个	无

注：1. 若附有其他服务设施内容（如餐饮），应按相应内容增加配置。
　　2. 有人员聚集场所的广场内，应增建馆外人员使用的附属或独立厕所。

表 6-2 机场、火车站、长途汽车站、高速路服务区等交通枢纽卫生间洁具数量参考

设施	男 /（人数 /h）	女 /（人数 /h）
厕位	100 人以下设 2 个；每增加 60 人增设 1 个	100 人以下设 4 个；每增加 30 人增设 1 个

表 6-3 洗手盆数量参考

厕位数 / 个	洗手盆数 / 个	备注
4 以下	1	1. 男女厕所宜分别计算，分别设置
5~8	2	2. 当女厕所洗手盆数 $n \geq 5$ 时，实际设置数 N 应按
9~21	每增 4 厕位增设 1 个	下式计算：$N=0.8n$
22 以上	每增 5 厕位增设 1 个	

注：洗手盆为 1 个时可不设儿童洗手盆。

五、卫生间无障碍设计

无障碍设计的关键在于连续性，从道路、场地、建筑出入口、电梯到卫生间，其中一个环节不到位，就变成了"有障碍"，意味着整体失败。其中，卫生间的无障碍设计问题还是很多，反映出建筑师设计过程中仍然很被动，不够用心。

（一）门

1. 图集的错误

错误的、不合理的无障碍卫生间门的设计，无疑是卫生间的第一道"卡"，第一道障碍。但是门的错误是最多的，连有的国标规范都是错的（图 6-5）。

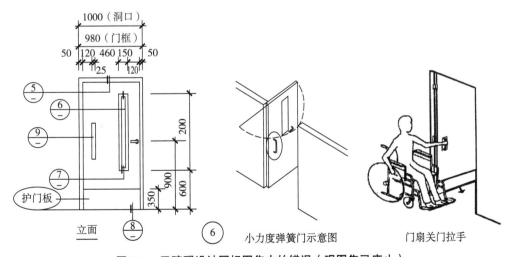

图 6-5 无障碍设计国标图集中的错误（现图集已废止）

如图 6-5 所示，错就错在根本思路上不该使用平开门，而且是弹簧门。如果读者自己坐在轮椅上尝试一下立刻就能体会到平开门对于坐轮椅的人是根本打不开的，还有摔倒的风险。

视频详解：卫生间无障碍设计国标图集错误

2. 日本的一种无障碍平开门设计

那么，是不是平开门完全不能用？除非专门研发，比如我在日本见到过一种专门设计的平开门，非常用心，但很难大批复制。

视频详解：无障碍的平开门

3. 自动或电动推拉门才能无障碍

推拉门的开启方向不会对轮椅行进方向形成阻碍，那么只要是推拉门都是无障碍的吗？并不是。手动推拉门对于坐轮椅的人来说仍然具有很大难度，只有电动（按钮开启）或自动（感应）推拉门才能真

视频详解：无障碍推拉门设计实例

正做到无障碍。日本和中国台湾地区在这方面的设计就比较完善，公共场所无障碍卫生间设计非常细致且人性化。

（二）平面尺寸

1. 厕位还是厕所？

虽然设置无障碍厕位和厕所都是能满足规范的，但如果我们换位思考：当坐轮椅的人进入一座陌生的公共建筑时，事先并不知道卫生间里是否有专用厕位，如果内急时左拐右拐好不容易进去后，发现没有厕位还要再出来，情绪会如何？焦急、烦躁、不安、无助将同时袭来……但如果是专用厕所，找起来就非常方便，进出也很快捷（图 6-6，请注意图中平开门是错误的）。

另外，厕位都采用轻质隔断，承重能力有限，不易安装自动或电动推拉门，而专用厕所周边是隔墙，安装电动或自动推拉门就很方便。而且专用厕所不分男女，普通人也可以用。

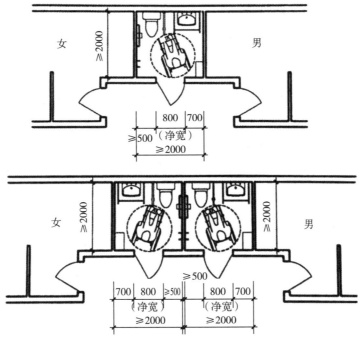

图 6-6 无障碍专用厕所平面示例

2. 尺寸

无障碍专用厕所平面净尺寸一般为 2000mm×2000mm，要保证直径 1500mm 的轮椅回旋空间，门扇净宽不小于 800mm。

（三）辅助设施

辅助设施包括马桶周边的拉杆、扶手、镜子、手纸盒、呼叫器等。除了和普通卫生间一样要考虑人体尺度之外，更要注意让使用者尽量在一个位置完成多个动作，减少来回移动的次数，比如坐在马桶上最好可以拿到手纸并简单地洗个手。

视频详解：无障碍辅助设施实例

六、卫生间详图深度要求

讲了这么多卫生间设计，终于到了画图的时候，设计会做了，画图只是最后的表达过程，水到渠成。此时，读者应能体会到了我前面一直强调的设计与画图的区别之大——画图是表达手段，设计才是目的。

（一）比例、组成和深度

（1）卫生间施工图比例：1∶30~1∶20。

（2）组成。

卫生间施工图包括平面、各方向剖立面（内立面）、吊顶平面，以及必要节点。

（3）深度。

卫生间详图的深度应达到装修图的深度，即平面、立面应有装修线，节点应表示构造做法。图6-7所示是中国银行北京总部项目的卫生间详图（不含节点），我认为这是施工图的最高标准典范，标注看不清楚没有关系，后面还会逐一分析讲解，读者只需要粗略浏览整体深度，就知道比我们一般的施工图要细致很多，无怪乎可以收到高昂设计费，并获得甲方信任。希望读者能够以此为目标来学习。

很多建筑师会认为，对于土建和装修由不同设计单位完成的项目，反正将来"二次设计"要重新做，卫生间详图达到装修深度没必要。我只能说，建筑设计本就应该做到装修的，即使部分室内设计另有分包，室内设计也应在建筑师的控制之下。如果建筑师自己主动降维，就不能要求别人赋予更多话语权。

（二）标注内容

1. 平面（图6-8）

平面图中应标注的主要内容包括：

（1）轴线、轴线号、轴线尺寸。

（2）剖立面位置。

（3）隔墙、门定位。

（4）洁具定位（中-中）（非常重要）。

（5）瓷砖分格。

（6）建筑与结构标高。

（7）节点大样索引。

（8）必要的文字说明。

视频详解：卫生间详图深度要求——平面

2. 剖立面（图6-9）

剖立面图中应标注的主要内容包括：

（1）净高及所有高差。

（2）标高。

视频详解：卫生间详图深度要求——剖立面

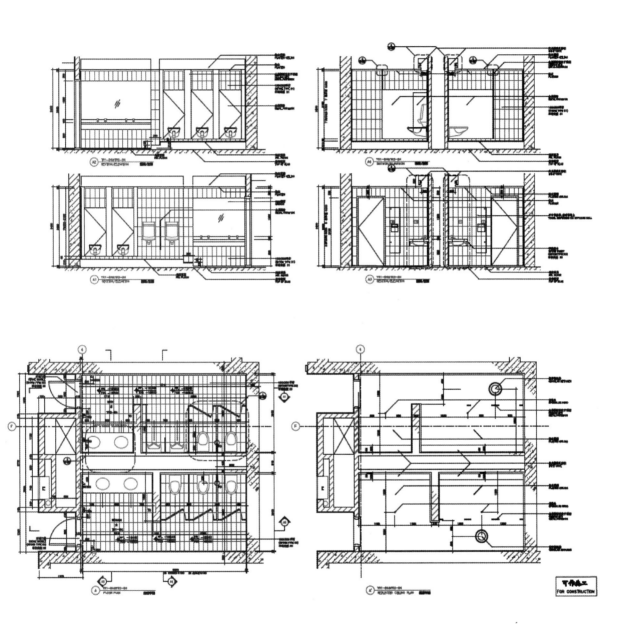

图 6-7　中国银行北京总部项目的卫生间详图

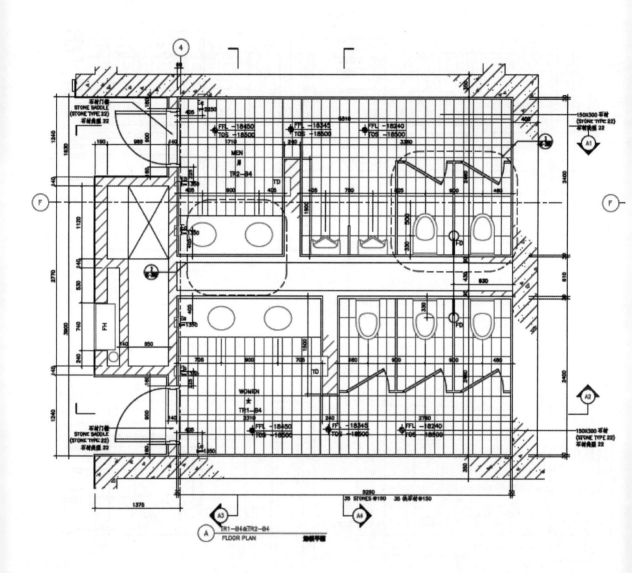

图 6-8　中国银行北京总部项目的卫生间详图——平面举例

（3）洁具安装尺寸。

（4）瓷砖分格。

（5）节点大样索引。

（6）必要的文字说明，如材料。

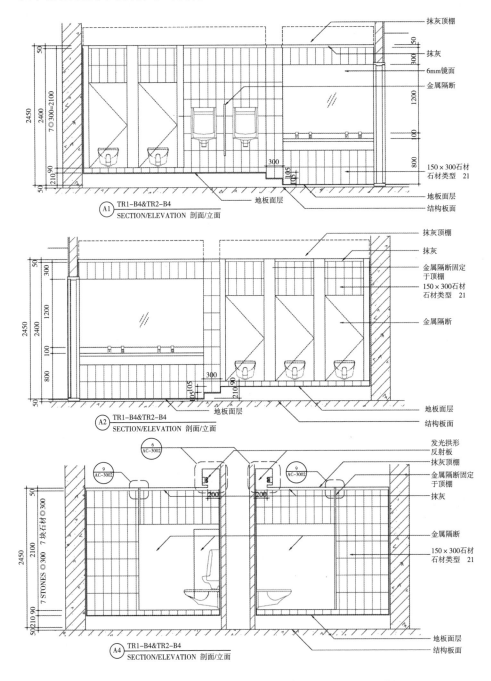

图 6-9　中国银行北京总部项目的卫生间详图——剖立面举例

3. 吊顶（图6-10）

吊顶平面图是镜面图，即看到的是假设拿一面和地面面积相同的大镜子放在吊顶下面，从镜子里反射出来的图像，所以方向和平面相同。吊顶平面图中应标注的主要内容包括：

（1）轴线、轴线号、轴线尺寸。

（2）灯具、喷淋、广播等定位。

（3）隔断固定位置。

（4）吊顶分格。

视频详解：卫生间详图深度要求——吊顶平面

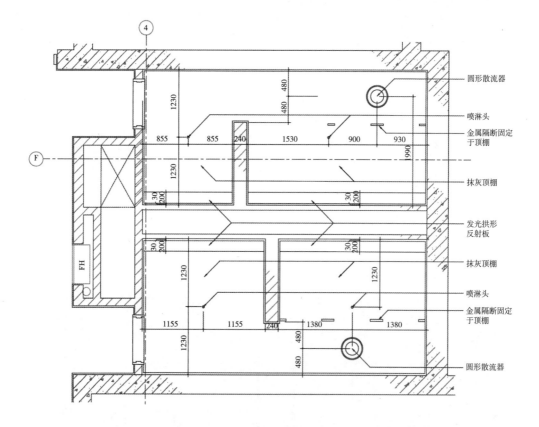

图6-10　中国银行北京总部项目的卫生间详图——吊顶平面举例

（三）专业配合

1. 设备

在卫生间详图中，建筑与给排水专业的配合主要是洁具、地漏的定位。他们需要根据建筑专业的定位布置管线。在住宅卫生间里，除淋浴外，地漏没有太大用处，反而滋生害虫和产生臭味的风险更高，所以可以不设。

卫生间还需要采暖和排风，建筑还需要与暖通专业配合设置安排好风道和暖气位置。

2. 结构

洁具排水方式分为后出水和下出水，两种方式各有利弊。前者西方采用较多，优点是不需要楼板开洞，地面整洁，除立管外，横管都在本层，但洁具后方需要管井，会占用面积；后者排水直接，缺点是需要楼板开洞，对结构影响大，将来更换管线也比较困难。

不同排水方式决定了楼板标高不同。采用后出水方式，卫生间楼板标高不需要单独降低，而下出水方式比较复杂。以往我国住房都是公有制，上一层排水横管出现在下一层住户谁也不介意。但商品房出现后，产权明确，而管线却像串糖葫芦一样串起所有住户无法分割，后来设计上就改成了同层排水，卫生间、厨房结构楼板降低300mm，所有横管都走在垫层里，除非防水没有做好，不然管子漏了也是漏在自己家。但是管线更换时就得把地面凿开，对生活影响比较大，恢复装修时间更长。

3. 开洞位置

根据相关结构设计规范，钢筋混凝土楼板或墙上大于直径300mm的开洞需要预留，边界需考虑配筋，所以风道需要结构预留。其他水管虽然不需要预留，但也是在结构上开洞，都是对强度的削弱，所以装修时最好不要随意改动洁具位置。这又回到了建筑上，为什么装修要改洁具位置？还不是建筑设计不合理？所以建筑师是无法轻易将责任推脱给"二次设计"的。

七、明卫生间一定比暗卫生间要好吗？

我们通常会认为明卫生间比暗卫生间要好，那好在哪呢？明卫生间有自然采光通风，而公寓建筑开间有限，能分给卫生间实属不易，是不是有必要这样做呢？从实践案例中发现明卫生间问题其实不少，具体如下：

（1）高窗无法开启或吊顶撞上窗。

卫生间的窗必须考虑隐私问题，所以有一些设计会做成高窗，而高窗也有自身的问题。比如窗下沿大概在1.5m，开启把手够不到或使不上力；还有可能吊顶撞上窗。

（2）不再设置排风。

很多建筑师不考虑地域因素，有外窗的卫生间就不再设置排风了。但是北方冬天很冷，洗澡时肯定没法开窗，否则很容易感冒，也就无法通风。

另外，自然通风的风向是无法人为控制的。通常明卫生间朝向都不会太好，可能朝向西北，我们希望把室内湿气、异味向外抽，如果是冬天刮西北风，则会将冷风向里灌，事与愿违。所以即使明卫生间，也应设置排风。

（3）少了墙面放东西。

本来卫生间面积就小，台面面积紧张，又少了一面墙可以设置搁板、毛巾杆，毛巾、瓶瓶罐罐的其他物品只能堆在窗台上，又会影响窗的开启。

（4）外窗被封在淋浴间里时无法有效通风。

（5）公共卫生间的外窗易暴露隐私。

（6）公共卫生间隔断撞上窗。

结论：北方冬天寒冷干燥，室内需要适当增加湿度，有了外窗后，不但不需要、不愿意开，保温反而被削弱。而且住宅卫生间都很干净，洁具又都有存水弯，很少有异味，最大的异味来源是干燥的地漏。所以，明卫生间是否有优势，要看具体情况，无须刻意追求。

视频详解：明卫一定比暗卫好吗？

小 结

（1）卫生间普遍错误包括但不限于手纸盒、镜前灯与镜子、毛巾杆、玻璃隔断等细节问题；洁具分家；视线遮挡；无障碍设计。

（2）基本人体尺度是卫生间设计的基础，应多了解实物的尺寸。

（3）面积大的卫生间布局应有章法："周圈＋对位"，拒绝洁具分家设计。

（4）卫生间无障碍设计应使用自动或电动推拉门，设计内部辅助设施应换位思考。

（5）卫生间详图应达到装修图的深度。

（6）明卫生间的外窗设计应特别谨慎，考虑诸多因素。

（7）应记住最小卫生间的基本布局。

（8）有条件时，尽量做淋浴隔断，这才是有意义的"干湿分离"。

（9）住宅卫生间优先考虑马桶，既卫生又满足适老化需求。

（10）视线遮挡有技巧，应熟练掌握。

作业

1. 找一找家里或公共卫生间的毛病，拍照并说明错误。

2. 测绘自己家里的卫生间，如果认为设计合理，就直接绘图；如果认为设计存在问题，就重新设计并绘图。

第二节　楼梯详图设计

楼梯是学习建筑设计的第一道关。记得上学时做的第一个小型建筑设计作业就是两层的冷饮店，这个课题最重要的任务是学会楼梯的画法。当时老师让我们先测绘教学楼的楼梯，我们上上下下跑了很多趟，好不容易才将平面和剖面交上圈。

楼梯在建筑中有着至关重要的地位，既是交通、疏散通道，又是装饰造型手段。同时，由于其本身是三维建筑中嵌套的另一个三维构件，对于空间感偏弱的建筑师来说，要准确无误地完成详图设计仍然具有一定挑战。我曾不经意间听到过一个工作不久的小同事打电话抱怨公司总是让她画楼梯，但事实是她的楼梯详图的确还不过关。在以往的课程中发现楼梯详图问题非常多也非常普遍，包括空间概念、规范应用、过度关注局部忽略整体、制图等各方面。可以说，搞不清楚楼梯就很难做好设计。所以，前期学习一定要打好扎实基础，务必把空间概念理清楚，并注意全面考虑问题，不要钻规范的牛角尖。

一、楼梯的分类和作用

（一）楼梯的分类

1. 按梯段数量（跑数）

楼梯按梯段数量划分，可分为直跑（单跑）、双跑、三跑（折线、往返）和四跑楼梯（图6-11）。

还有一种常见楼梯是剪刀楼梯，可以看成是两个直跑楼梯交叉嵌套在一起（图6-12），所以剪刀梯是一对，而不是一部。这种楼梯常出现在高层居住建筑中。由于居住建筑层高比较低，只需18步以下直跑楼梯即可到

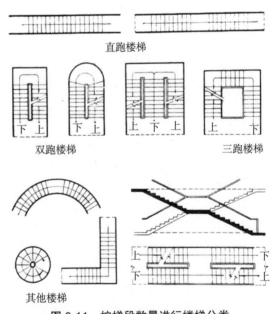

图 6-11　按梯段数量进行楼梯分类

达另一个楼层,将两部楼梯嵌套,中间用防火墙分隔,就可以省去两个休息平台的面积,节约公共交通空间。

2. 按平面投影

按平面投影划分楼梯,可分为直线形、弧形及螺旋楼梯(图6-13、图6-14)。弧形及螺旋楼梯多用于装饰,二者的区别在于弧形楼梯平面上第一级台阶和最后一级台阶不重合,二者夹角小于360°;螺旋楼梯平面上是一个完整的圆,第一级台阶和最后一级台阶是重合的。

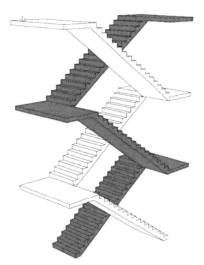

图6-12 剪刀楼梯

a)

b)

图6-13 弧形楼梯
a)卢浮宫 b)雅典国家图书馆

图6-14 卢浮宫玻璃金字塔入口大厅的螺旋楼梯(中空部分被巧妙地设置了一部无障碍液压电梯)

3. 按结构材料

按楼梯结构材料划分,主要有混凝土楼梯、木楼梯(图6-15)和钢楼梯。钢楼梯常用于室外疏散或检修。

（二）楼梯的作用

1. 垂直交通

图 6-15　天津利顺德饭店大堂的木楼梯

楼梯最主要的作用是垂直交通。平面功能设计中有句行话——"平面就是楼梯、厕所"，它的意思就是说如果把每层平面想象成一串糖葫芦，楼梯作为最重要的垂直交通，就是串起糖葫芦的竹签。由于卫生间的管线也需要上下对齐，所以楼梯、卫生间在每层平面中的位置基本是固定的。在各层不同功能的平面中要找到固定的位置设置楼梯与卫生间，而不影响各种功能房间的布置非常见功夫。

2. 疏散出口，救火通路

我们都知道，发生火灾时非消防电梯是禁止使用的，楼梯对于建筑使用者就是唯一的疏散通道，而对于逆行英雄消防员来说，也是最可靠的救火通路。

3. 装饰景观

由于楼梯是一个三维构件，本身就可以作为装饰。公共建筑如旅馆、交通建筑等都经常在门厅设计一个大楼梯，既是垂直交通，又可作为室内装饰（图 6-16）。

图 6-16　斯德哥尔摩市政厅（诺贝尔奖颁奖地）的大楼梯

二、楼梯设计

楼梯设计包括踏步、梯段、栏杆与扶手、休息平台几个方面。

（一）踏步

1. 楼梯坡度

我们最熟悉的踏步宽 300mm、高 150mm 的楼梯倾角是 26°，室内楼梯的坡度在 20°~45°，超过 60° 就是爬梯了，而小于 20° 适宜做坡道（图 6-17a）。

2. 踏步高、宽关系

由于楼梯踏步的高度和宽度一般是整数，所以坡度就不是整数，我们更习惯用踏步高和宽的关系判断坡度是否合适，常把踏步宽 300mm、高 150mm 的楼梯作为基准：更陡的楼梯宽度小于 300mm，高度大于 150mm；更缓的楼梯宽度大于 300mm，而高度小于 150mm。

> 踏步高和宽的设计规律是宽 + 高 =450mm 或宽 +2× 高 =600mm（图 6-17b）。由于踏步宽必须满足人脚的尺度，所以不是随便定的，室内楼梯最窄不小于 220mm，室外楼梯不大于 400mm。因此，踏步宽和高的数值都有一个范围。

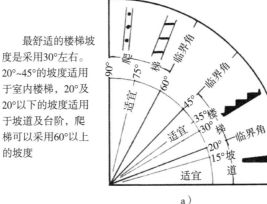

最舒适的楼梯坡度是采用30°左右。20°~45°的坡度适用于室内楼梯，20°及20°以下的坡度适用于坡道及台阶，爬梯可以采用60°以上的坡度

a）

b）

图 6-17　楼梯坡度与踏步尺寸

计算踏步高度和宽度的一般公式：

$$2R+T=S=600mm$$

式中：R——踏步高度；T——踏步宽度；600mm——女子及儿童的平均踏步长度。

图 6-18 所示是在没有设计资料集和图集的年代，我父亲手抄的国外设计资料，楼梯踏步不仅有高度和宽度的尺寸，考虑到人脚的形状和行走时的状态，踢面与踏面最好不是 90°，而是踏面凸出一些。这些细节的考虑才是以人为本！

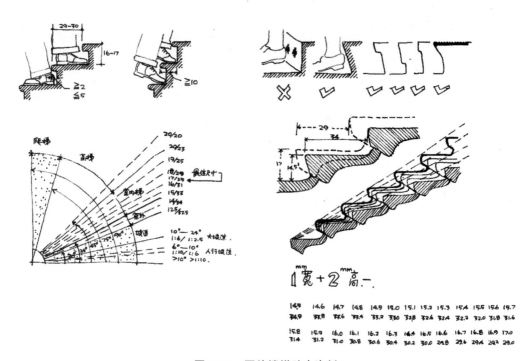

图 6-18 国外楼梯踏步资料

请读者记住，坡度陡的楼梯固然走起来费劲，但也不是坡度越缓越好。许多过街天桥的楼梯踏步设计就让人非常尴尬，虽然坡度很缓，踏步高还不到 100mm，但跨两步太远，跨一步腿又迈不开。倾角小于 20° 时就不适宜做楼梯，而应该设计成坡道了。

实际工程中最常见的错误是只关注规范中踏步高度的规定，而忽视了高 + 宽 =450mm 的规律，170mm 高度的踏步，宽度只有 260mm，走起来就很不舒服。重视规范而轻视合理性是非常普遍的设计观念偏差，这与强条和施工图外审的制度强化有很大关系。我多次强调，仅仅满足规范不是好设计，只追求不犯错也无法成为合格、甚至优秀建筑师，因为外部制度随时都会变，强条和施工图审查不是一直就有的。

3. 楼梯踏步规范

表6-4所示是《民用建筑设计统一标准》（GB 50352—2019）中关于踏步的规定，是参考使用的，不是强条。最小宽度和最大高度并不要求必须同时满足，所以之和不是450mm。

表 6-4 《民用建筑设计统一标准》（GB 50352—2019）中关于踏步的规定

（单位：m）

楼梯类别		最小宽度	最大高度
住宅楼梯	住宅公共楼梯	0.260	0.175
	住宅套内楼梯	0.220	0.200
宿舍楼梯	小学宿舍楼梯	0.260	0.150
	其他宿舍楼梯	0.270	0.165
老年人建筑楼梯	住宅建筑楼梯	0.300	0.150
	公共建筑楼梯	0.320	0.130
托儿所、幼儿园楼梯		0.260	0.130
小学校楼梯		0.260	0.150
人员密集且竖向交通繁忙的建筑和大、中学校楼梯		0.280	0.165
其他建筑楼梯		0.260	0.175
超高层建筑核心筒内楼梯		0.250	0.180
检修及内部服务楼梯		0.220	0.200

楼梯踏步的相关规范是在高层建筑和电梯还不普及的年代就已经出现了，所以最初是考虑楼梯作为频繁使用的垂直交通工具而制定的。随着高层建筑和电梯越来越普遍，规范必然要修正。比如：增加了"超高层建筑核心筒内楼梯"，其实也适用所有配有电梯的、楼梯通常只作为消防疏散使用的建筑。请读者在使用规范时一定要注意前提是什么建筑类型。

我亲自测量过北京许多地铁的踏步，高度都达到了180mm。作为"竖向交通繁忙的建筑"，并没有感觉特别不适应。而且随着经济水平提高，自动扶梯也更普遍，地铁的大楼梯使用频率也越来越低。

4. 弧形楼梯

疏散楼梯不宜采用弧形楼梯，除非满足条件图 6-19 的条件。

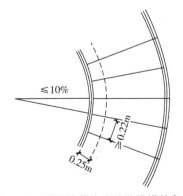

图 6-19 弧形楼梯作为疏散楼梯的条件

（二）梯段（梯跑）

1. 步数

> 楼梯梯段步数宜满足：＞3步，且＜18步。

"＜18步"一般都能做到，地铁里每个梯段都是17步，可以根据有几个梯段近似判断地铁的埋深有几层楼。其实这个也是参考性规范，主要是考虑中间让人歇口气，19、20步一个梯段也不会有多累。

特别需要注意的其实是"＞3步"，人走路的时候是昂首挺胸的，过少的步数投影长度太短，远看不容易分辨并提前准备，等到跟前就来不及了。尤其是一步踏步，特别容易忽视，所以很多地方会在踏步边缘贴上黄色警示条。这大概率说明已经出过事故了。而且实践证明警示条起不了多大作用，只是减少场所经营者的内疚和责任而已。我发现很多地方出现一步踏步的不良设计，尤其是城市人行道和餐厅、咖啡厅等室内设计，并且我本人就曾经是受害者，所以将这一条特别框出。由于受害者往往是个体，谈不上重大事故，所以只能自认倒霉，这一条规范尚未能列入强条。

视频详解："一步踏步"害人不浅

2. 长度计算（图6-20）

梯段投影长度 =（踏步数 -1）× 踏步宽

3. 净宽度计算

梯段净宽度是指墙面（或结构凸出物）装修面至扶手中心线间的水平距离，或两个扶手中心线的水平距离（图6-21）。

4. 宽度确定

梯段宽度确定是根据人流股数，每股人流宽度 =0.55m +（0~0.15)m（图6-21）。

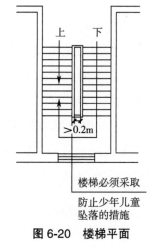

上　下

＞0.2m

楼梯必须采取防止少年儿童坠落的措施

图6-20　楼梯平面

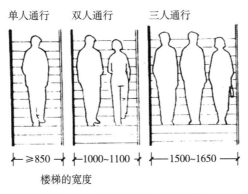

图 6-21　梯段宽度与人流股数

梯段最小净宽应满足相关规范（表 6-5），根据最小净宽加上梯井宽度就可以推断出疏散楼梯间的宽度。

表 6-5　楼梯梯段最小净宽

建筑类型	疏散楼梯最小净宽 /m
住宅、非高层公建	1.10
高层公建（非医疗）	1.20
高层医疗建筑	1.30

（三）栏杆与扶手

1. 设置扶手的部位

梯井一侧应设扶手，梯段宽度达三股人流时应两侧设扶手，达四股人流时宜加中间扶手。

2. 扶手高度

扶手高度计算自踏步前缘算起，至扶手顶面，室内不宜小于 900mm，室外不小于 1100mm，水平栏杆扶手高度不小于 1050mm。

3. 儿童活动场所的栏杆

儿童活动场所垂直杆件间距不大于 90mm。

4. 栏杆与扶手样式

栏杆与扶手的样式可选用图集，也可以自己设计。除了样式，施工图设计时应选用或设计安装节点。

5. 梯井

水平净距不宜小于150mm，主要是为了方便施工抹灰有可操作空间，以及扶手转弯。前面讲过扶手在梯段和平台的高度规定是不同的，那么在转弯处就存在衔接问题。

视频详解：扶手转弯细部设计

（四）休息平台

1. 净高要求

梯段和平台处的净高要求不同，且是强条，务必牢记。

> 楼梯梯段净高不小于2200mm，并且计算梯段净高是从踏步前缘向前300mm处开始计算；平台净高不小于2000mm。

因为人在梯段中行进的时候身体是上下起伏的，头顶要留有一定空间（图6-22），并且由于梯段上方的梯板是个斜面，从踏步根部到前缘净高是不同的，从踏步前缘再向前300mm处计算，是为了保证人的一只脚在踏步之间的动态瞬间，即身体起伏最大时头顶有足够的空间。

2. 进深与梯段宽的关系

休息平台最小进深应大于梯段宽，且不小于1200mm，主要是为了搬运家具、担架、病床等时能够转得过弯，两梯段踏步数不同时，按步数多的一侧计算（图6-23）。剪刀梯休息平台进深不小于1300mm，医院休息平台

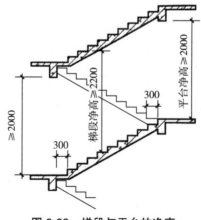

图6-22　梯段与平台的净高

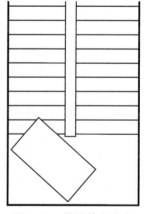

图6-23　楼梯休息平台

进深不小于 2000mm。

（五）面层做法

楼梯面层厚度通常在 20~50mm。当然可以选用图集的做法，但我希望读者都自己画一遍，而不是不过脑子去抄。

三、楼梯间的消防设计

（一）楼梯与楼梯间

1. 室内开敞楼梯

开敞楼梯四面都没有防火墙，不能用于消防疏散。一般多用于旅馆大堂、宴会厅门厅，主要起到景观的作用，一般只连接两层楼。

视频详解：室内开敞楼梯实例

2. 楼梯间与消防疏散

楼梯间分为开敞楼梯间、封闭楼梯间和防烟楼梯间，最常用于消防疏散的是封闭楼梯间和防烟楼梯间。此外，室外楼梯也可用于辅助的疏散楼梯。

（1）开敞楼梯间。三面墙一面开敞，特殊情况下可做疏散，比如二层教学楼或幼儿园，其面积小，人数少。

（2）封闭楼梯间。防火墙围合，有防火门，不带前室，自然采光通风或采取防烟措施。

（3）防烟楼梯间。防火墙围合，有防火门，有前室，采取机械加压的防烟措施。

（二）疏散楼梯间的普遍要求

可作为消防疏散楼梯间需要满足以下基本要求：

（1）天然采光、通风或人工照明和机械通风。

（2）无可燃物、凸出物、管线、洞口。

（3）直通室外。

（4）位置不变（除避难层）。

（5）楼梯间净宽满足规范（表 6-6）。

表 6-6　疏散楼梯间的净宽要求

建筑类型	疏散楼梯最小净宽 /m	楼梯间最小净宽 /m
住宅、非高层公建	1.10	2.40
高层公建（非医疗）	1.20	2.60
高层医疗建筑	1.30	2.80

（6）楼梯间的门为防火门，并开向疏散方向，门扇位置与楼梯踏步间距应满足规范要求（图 6-24）。

由于人在疏散过程中往往十分慌乱、拥挤，且绝大多数时候都是向下跑，冲入楼梯间时如果门扇和第一级向下的踏步距离太近，前面的人被后面推搡就很容易跌倒坠落，尤其是当门扇正对踏步时，所以门扇与踏步要留有缓冲距离。

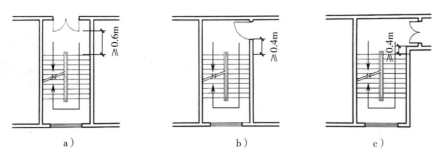

图 6-24　消防楼梯间门扇与楼梯踏步间距

（7）地上与地下分开。

高层建筑一般都有多层地下室，地下室没有天然采光通风，疏散是比较困难的，而且疏散方向与地上是反的，即地上楼层向下跑，地下室向上跑。为了避免人在慌乱的时候错过了首层出口，应将地上与地下疏散楼梯分开设置。但设置两部楼梯占用面积太多，因此惯用做法是用防火墙将同一部楼梯的地上与地下分隔开来（图 6-25、图 6-26）。

关于消防楼梯间地上与地下楼梯分隔墙的画法，很多建筑师工作多年还总是出错，甚至有的图集都画错了，关键是因为没有建立正确的空间形象。其实要想真正搞明白非常容易，很多建筑师

视频详解：消防楼梯间地上与地下分隔做法（上）

视频详解：消防楼梯间地上与地下分隔做法（下）

自己上班所在的办公楼疏散楼梯就是这样设计的，只要去看看实例，立刻就清楚了。所以做设计一定要观察生活，不可闭门造车。

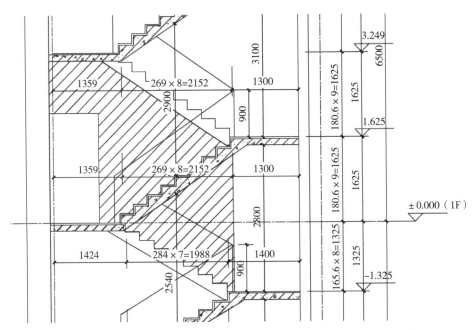

图 6-25 施工图楼梯剖面局部（斜线填充部分为地上与地下的分隔墙）

a）　　　　　　　b）　　　　　　　c）　　　　　　　d）

图 6-26 消防楼梯地上与地下的分隔墙实例照片

a）首层至地下一层休息平台视角　b）c）首层标高视角　d）首层至二层休息平台视角

另外要特别提醒的是，新实施的《建筑防火通用规范》（GB 55037—2022）第 7.1.10 条第 3 款规定："地下楼层的疏散楼梯间与地上楼层的疏散楼梯间，应在直通室外地面的楼层采用耐火极限不小于 2h 且无开口的防火隔墙分隔"，即以往地下楼梯对外疏散门穿过首层楼梯间的做法不再可行。

（三）封闭楼梯间

封闭楼梯间的要求如下（图 6-27）：

（1）通向楼梯间的门应为乙级防火门，不应设卷帘。

（2）门向疏散方向开启。

（3）首层应设置扩大前室。

（4）应有自然采光通风，不能自然采光通风时，采取防烟措施（内容详见防烟楼梯间部分）。

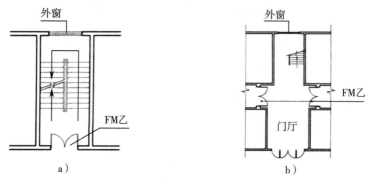

图 6-27　封闭楼梯间

a）封闭楼梯间标准层平面　b）首层扩大封闭楼梯间

（四）防烟楼梯间

（1）应设置前室或与消防电梯合用前室（开敞阳台、凹廊）。

独立前室面积：公建 $6m^2$，住宅 $4.5m^2$；与消防电梯合用前室：公建 $10m^2$，住宅 $6m^2$。

（2）防烟设施。

防烟设施的目的是维持楼梯间内的正压，确保人员疏散时的安全。前室及楼梯间无自然通风时，应设机械加压送风。

封闭楼梯间的防烟措施可以是自然通风，即通过可开启外窗保持楼梯间内的通风。那么问题来了：如果北方冬季寒冷，楼梯间的外窗处于常关状态，万一发生火灾，谁负责去开窗呢？即使窗是打开的，是否就能保证楼梯间内处于正压呢？如果没人开窗，是否人员疏散的安全就难以保证呢？是的，这就是规范的漏洞。所以我在做北京金融街丽思卡尔顿酒店时，管理公司就要求封闭楼梯间也要设正压送风，理由简单而充分：酒店住客没有义务在火灾疏散过程中去主动打开外窗，而这种风险五星级酒店承担不起。

　　如果是机械加压送风系统，与建筑的消防自动控制是联动的，只要报警响起，整套系统就会开始动作，包括加压送风、排烟、喷淋、防火门及卷帘、消防水泵、应急广播等。所以，与卫生间设计里面我们讲过的机械排风要优于自然通风一样，人工可控的措施才是最有保障的。

（3）其他要求同封闭楼梯间。

（4）防烟楼梯间及前室加压送风设置要求（图6-28）。

视频详解：防烟楼梯间及前室加压送风设置要求

楼梯间和前室均有外窗
（两者均不需加压送风）

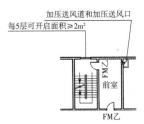

楼梯间有外窗，前室无外窗
（需在前室加压送风）

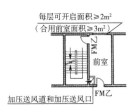

楼梯间无外窗，前室有外窗
（楼梯间应加压送风）

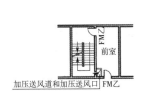

楼梯间与前室均无外窗
（只需对楼梯间加压送风）

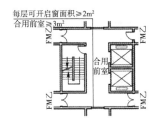

楼梯间无外窗，前室有不同朝向外窗
（两者均不需加压送风）

楼梯间入口处设开敞式凹廊
（无论楼梯间有无外墙均不需加压送风）

楼梯间入口处设开敞式阳台
（楼梯间无论有无外窗均不需加压送风）

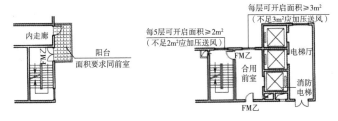

合用前室与楼梯间均有外窗，一般不需加压送风
（但对高度大于50m一类公建和高度大于100m的居住建筑，无论有无外窗均要加压送风，且外窗皆应为固定窗）

图6-28　防烟楼梯间及前室加压送风设置要求

（5）剪刀楼梯间（图 6-29）

剪刀楼梯间是由两个直跑楼梯，中间用耐火极限不小于 1h 的防火墙分隔组成的，应为防烟楼梯间，且分别设置前室。塔式住宅剪刀楼梯间前室可以共用，面积不小于 6m²。当与消防电梯共用前室时面积不小于 12m²，且短边不小于 2400mm（图 6-30）。

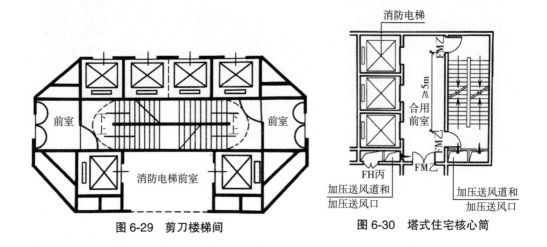

图 6-29　剪刀楼梯间　　　　　　图 6-30　塔式住宅核心筒

（五）室外疏散楼梯

室外疏散楼梯应符合要求如下：

（1）栏杆高度不应小于 1100mm。

（2）梯段净宽不应小于 900mm(电影院 1100mm)。

（3）倾角不应大于 45°。

（4）应采用不燃材料：耐火极限平台不小于 1h，梯段不小于 0.25h。

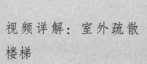

视频详解：室外疏散楼梯

（5）应为乙级防火门并向疏散方向开启，但不能正对梯段。

（6）与相邻外墙的窗距离不小于 2m。

四、楼梯详图深度要求

（一）组成

楼梯详图包括剖面、各层平面及栏杆、扶手、踏步等局部节点大样。

（二）比例

（1）平面、剖面。其比例为 1 ∶ 50。

注意要画出装修线，混凝土可以填充灰色（252 号）或用图例表示。

（2）局部大样。其比例为 1 ∶ 10~1 ∶ 5。

（三）设计顺序

1. 设计画图顺序

计算步数→确定梯段长→确定梯段宽→核对平台深→先画剖面→投影踏步平面位置→再画平面。

2. 剖切位置

平面的剖切位置和楼层平面是一样的，都是在距离楼面标高以上 1200mm 处，所以站在楼层标高处，向上的梯跑应该是被剖掉截断的。先画剖面的好处就是可以很容易判断平面梯段在哪里被截断，而且可以直观地量取梯段净高与平台净高，尤其是设备层 2.2m 的层高，楼梯很容易碰头，就要先从剖面上找到梯段合适的位置，先确保净高，再将踏步投影到平面（图 6-31）。

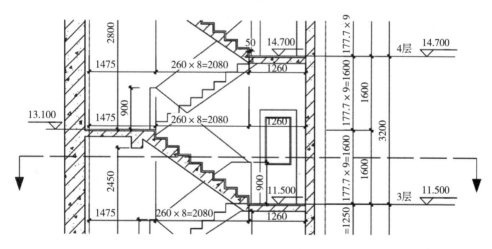

图 6-31 楼梯平面剖切位置

（四）标注内容

1. 剖面（图 6-32）

（1）轴线、轴线号、轴线尺寸。

（2）楼层标高、休息平台标高。

（3）竖向三道尺寸：层高；平台高；踏步高 × 步数 = 梯段高度（等于平台高）。

（4）梯段净高（不小于 2200）；平台净高（不小于 2000）。

（5）踏步宽 ×（步数 –1）= 梯段长度。

（6）平台进深。

（7）楼层名称。

（8）栏杆高度。

（9）栏杆、扶手索引。

（10）踏步做法索引。

（11）必要的说明。

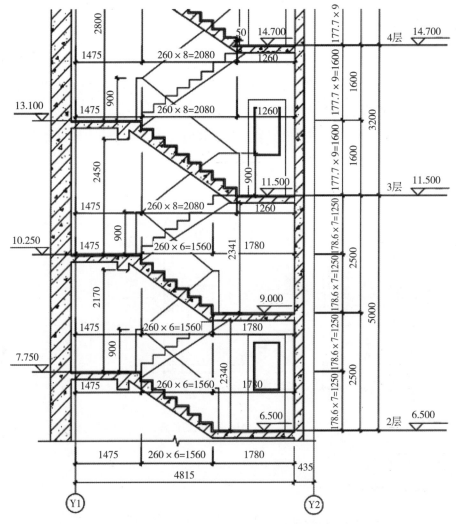

图 6-32　楼梯详图——剖面（局部）案例

楼梯剖面中遇到标准层时，重复部分可以截断，但要保留一个完整层（图6-33）。

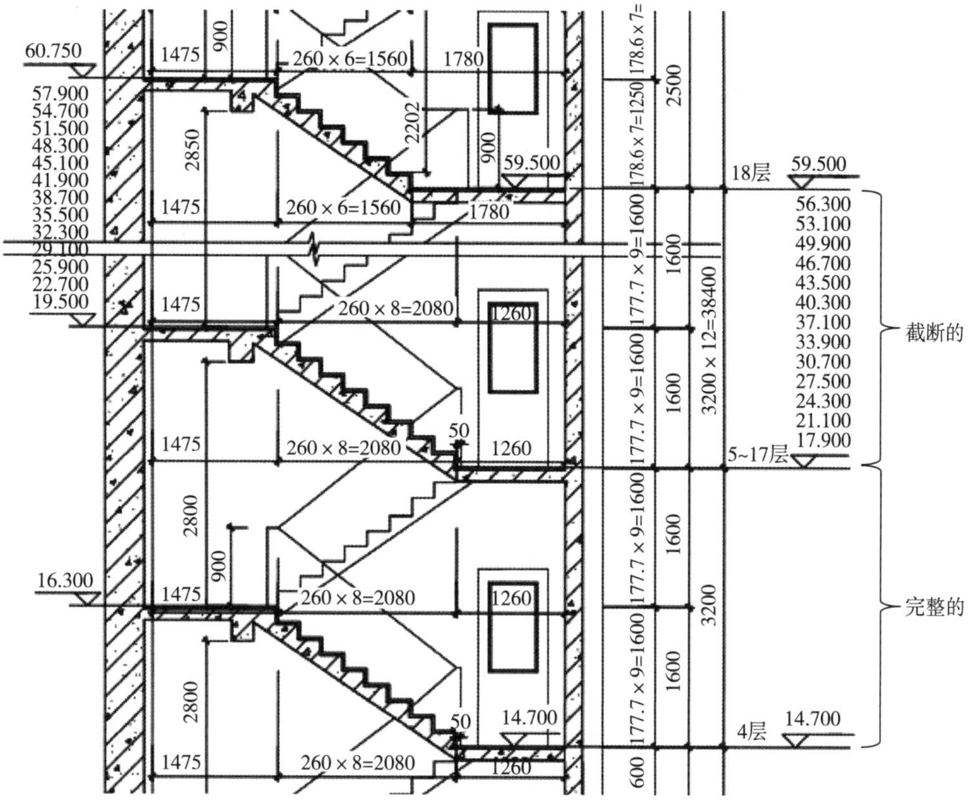

图6-33　楼梯详图——剖面中标准层画法

2. 平面

平面中应标注的内容如下（图6-34）：

（1）轴线、轴线号、轴线尺寸。

（2）剖切位置（每层都要有）。

（3）楼层标高、休息平台标高。

（4）踏步宽 × （步数 –1）= 梯段长度（标在完整梯段一边，截断处不标）。

（5）梯段宽度。

（6）梯井宽度。

（7）平台宽度、进深。

（8）楼梯间门窗尺寸、洞口尺寸。

（9）楼梯间墙厚。

（10）消火栓、卷帘。

（11）必要的说明。

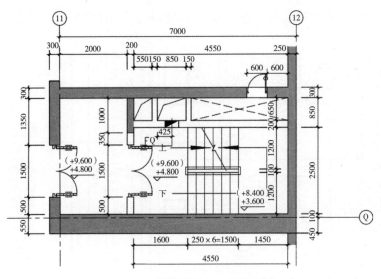

图 6-34　楼梯详图——平面案例

　　需要注意最底层、首层（出室外层）、顶层平面应单独画；四跑楼梯要画夹层平面；标准层平面应标注出所有楼层标高（图 6-35）。

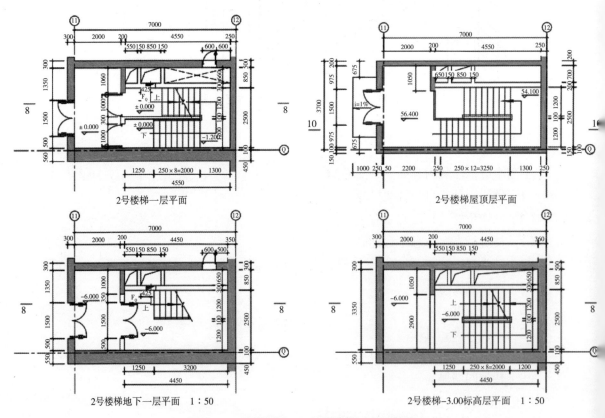

2号楼梯一层平面

2号楼梯屋顶层平面

2号楼梯地下一层平面　1：50

2号楼梯-3.00标高层平面　1：50

图 6-35　楼梯详图——平面案例（特殊楼层）

（五）局部大样

局部大样包括栏杆、扶手、踏步等，可以引用图集，但是初学者最好能够自己画一遍，熟练之后完全可以自己设计样式和构造做法。

视频详解：楼梯局部大样举例

（六）专业配合——结构专业

楼梯详图设计中与我们配合的主要是结构专业，建筑专业要将图纸提给结构专业，这时结构专业常会问：踏步与平台做法厚度是多少？甚至有时都不问，就会想当然地按照 30mm 的厚度确定结构标高。如果恰好你设计的是 50mm 厚，就会出现交不上圈、装修做好之后楼梯踏步最后一步与楼面不平的情况。

如何避免这种情况发生？最好的办法就是用图纸说话，具体如下：

（1）同时标注建筑和结构标高。

（2）踏步节点大样标注做法和厚度。

（3）"首层向下梯跑宽度多出 100mm，承托分隔防火墙"特别标注和说明（详见下文及视频）。

这样就可以达到无声胜有声的效果，结构专业一看图就都明白了。假如结构专业不仔细看图想当然，还狡辩建筑专业没交代，你就可以拿出证据。当然最好还是图纸与沟通"双保险"，加上会签时的校对，就万无一失了。

消防楼梯间地上与地下的分隔墙是设计的难点，也是详图中一个特别容易出错的地方，图纸上怎么标注才能将我们的设计思想清晰地表达出来呢？除了画图，必要的文字说明也是必不可少的注释，它们有助于快速读懂图纸。

视频详解：首层平面梯段宽度特别标注

五、楼梯与楼梯间设计常见问题与错误

（一）踏步高度多少合适？

楼梯作为每个建筑必备的模块，笔者认为其设计方法应该成为每一个建筑师的基本功，在实习阶段就应该掌握设计原理，在每次承接新项目时不应重复成为

新课题，而是应当作为储备直接应用。然而日常工作中无论什么类型、规模的项目，也无论什么资历的建筑师，总是不断地会去讨论楼梯踏步高度的问题，为什么呢？

因为很多人总是习惯死记硬背结论，而忽视其前提条件。所以我总是强调学习规范一定要知其所以然。讨论踏步高度必须先明确前提条件——哪里的楼梯：是室内还是室外？疏散楼梯、住宅户内楼梯还是大堂或宴会厅的大楼梯？什么建筑类型的疏散楼梯？是否有电梯、自动扶梯？等等。比如，旅馆宴会厅经常会举办婚礼，如果新娘需要走楼梯，她穿着高跟鞋，看不到自己脚下的蓬蓬裙婚纱，楼梯踏步150mm就比较合适，但也不是越低越好，别忘了前文强调的踏步高和宽的比例关系。如果是高层写字楼的疏散楼梯，平时都以电梯为主要垂直交通，踏步高180~185mm没问题，同时宽度280mm就不太成比例，260~270mm才是相匹配的。

（二）自然通风与机械通风哪个好？

这个问题前文已经介绍过了，要想达到最大人为可控度，机械通风是最有保障的。当然，条件允许时，同时具有外窗肯定更好。

（三）1200mm的双扇门是否可取？

1200mm的双扇门十分常见，不仅在疏散楼梯间，公用厨房、居住建筑单元门也经常出现（图6-36）。那么，1200mm的双扇门可取吗？

1. 1200mm双扇门在使用中存在的问题

双扇门使用的时候，经常只开一半，净宽最多只剩500mm，比飞机、火车卫生间的门宽还要窄；如果双扇全开的话，首先一个人开启不方便甚至很费劲，而且宽度也不到1100mm，两人同时走，还不到楼梯的宽度。

1200mm的双扇门用在疏散楼梯间时，存在的问题很严重。往往要挡住楼梯净宽的1/3还要多（图6-37），疏散宽度严重受影响，逃生时还可能挤伤人，甚至造成更大的次生灾害。

图6-36　1200mm的双扇门

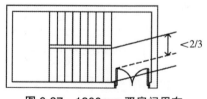

图6-37　1200mm双扇门用在
楼梯间的情况

1200mm宽双扇门用在公用厨房的时候问题也很严重，人进出厨房的时候，手里经常拿着东西（图6-38、图6-39），双手拿着东西，如何把门打开？打开一半肯定不行，要打开两边的话，几乎没有可能，在遇到设计成弹簧门的时候，恐怕只能将手里的东西放在地上了。所以在现实生活中，我们看到的是——门永远开着，起不到分隔不同性质房间的作用。

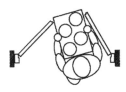

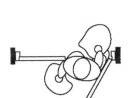

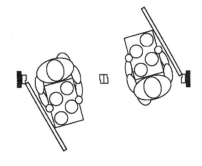

左上：1200mm宽双扇门用在厨房时的状况
右上：厨房应该用两樘单扇门
下：1200mm宽双扇门用在公寓门上的状况

图6-38　某公用厨房双扇门　　　图6-39　双扇门与单扇门使用时的不同情景

2. 为什么这种1200mm宽的门会进入标准图集？

那么，为什么这种宽的门会进入标准图集里面去呢？追根溯源是20世纪50年代苏联专家带来的，那时以工业设计为主，推广"3模制"，门窗都是600mm、900mm、1500mm……，从此经历了50年。现在门窗都由专业工厂加工，一樘一樘地量尺寸，一樘一樘地加工，不需要什么模数了。

3. 合理设计是什么？

首先，1200~1300mm宽的洞口可以做一大一小的双开门（子母门），大的可以900mm宽，小的可以300 ~ 400mm，为搬东西及双人走的时候使用。公寓的单元门上也可这样用，如果一定想用双扇门的话，至少得1500mm宽以上。

在厨房进出时，最好用两樘单扇900mm或1000mm的门，一门进，一门出，即使双手端了东西，也很容易用手肘顶进去或出来，进出不会有冲突。

用在公寓疏散楼梯时，大多数情况可以做1000mm宽的单扇防火弹簧门，因为公寓的人数不多，即使高层两个1100mm宽的楼梯，也可以应付220人的疏散宽度，公寓平面中，最多人数的楼层，无论是塔式、板式或过道式，几乎没可能每层会超过 220 人。所以，1000mm 宽的门非常好用，因为弹簧门的弹簧强度基本是应对 750~1000mm 的宽度，所以以用 1000mm 的门，其弹力不会太大。

用在高层写字楼的时候也是如此，楼层面积一般在 1000 ～ 2000m²，即使到 3000m² 每层也不过 200 人，两个楼梯每个用 1000mm 宽的门也足够了。

另外，公寓单元入口 1100~1200mm 的单扇门从技术上、产品上也是没问题的，因为很多时候我们进出手中都提着东西，而且在北方冬天穿着厚重的棉衣，整个人的"体积"也会变大，每次去开子母门小扇的锁时也很麻烦，所以单扇门更方便。

六、室外台阶与人行坡道

（一）室外台阶与人行坡度设计一般要求

1. 台阶少于 2 级应设坡道

前文我们强调了楼梯踏步不能少于 3 步，同理，室外踏步数过少也容易出现同样的问题，故有此规定。

2. 踏步

宽度不宜小于 300mm，高度不宜大于 150mm，且不宜小于 100mm。

3. 应具有防滑措施

室外台阶、坡道与室内不同，会受到雨雪影响，导致表面湿滑容易使人摔倒或打滑，尤其是北方冬天下了雪之后还会结冰，更是危险。所以，最好在台阶坡道上方设置雨篷，防止台阶、坡道积水、积雪或结冰。

视频详解：没有防滑措施的北方某地室外台阶与汽车坡道造成事故案例

4. 设置截水沟

大家都知道地下车库要设置截水沟，尤其是在坡道底端，这个很好理解。需要注意的是，在坡道或台阶顶端之前也应设置截水沟，如果是台阶应设置上翻挡水的一步踏步，而不是直接向下走，和汽车坡道前的反坡是一个道理。这样做目的是为了划分汇水面积，避免水量过大，截水沟无法及时排水（图 6-40）。

我们在设计屋面内排水时要划分大约每 200m² 一个排水区，设置一个下水口，目的也是为了分散排水压力。可见明白了排水设计的原理，无论是建筑设计还是场地设计、道路设计都可以举一反三。

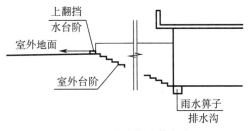

图 6-40　室外台阶截水沟

5. 坡道坡度与长度的关系

坡道坡度与长度的关系见表 6-7。

表 6-7　坡道坡度与长度的规定

坡度	1：6	1：8	1：10	1：12	1：16	1：20
高度 /m	0.20	0.35	0.60	0.75	1.00	1.50
水平长度 /m	1.20	2.80	6.0	9.0	16.0	30.0

6. 自行车坡道设计

自行车坡道的坡度为 1：4，如图 6-41 所示。

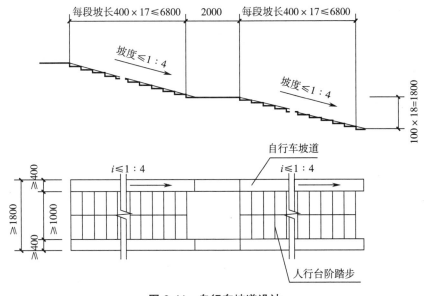

图 6-41　自行车坡道设计

（二）人行坡道无障碍设计

1. 有坡道 ≠ 无障碍

建筑师存在一个认知误区：楼梯是障碍，坡道就不是障碍，数层楼的台阶只要加上坡道就可以算是"无障碍"了。这种"先设障碍再加坡道"的做法，套用一位前辈建筑师的说法就是"残害残疾人"。

视频详解："先设障碍再加坡道"的错误案例

2. 无障碍的核心是尽量避免高差

尽量避免高差才是真正的无障碍，这是无障碍设计的核心。从残疾人的需求出发才是真正的以人为本，与为了"满足规范"而设计，境界天壤之别。也许读者马上会问：没有高差如何防止雨水倒灌？避免高差并不是高差为零，而是把视角放大，从整体出发，综合评估各种因素，通过场地竖向设计、入口处理、缓坡或合理分配高差等多种手段，将高差化整为零，减小矛盾。这与紧盯高差不放的局部思维相比，设计思路有着本质的区别。

视频详解：无障碍的核心是尽量避免高差

视频详解：300m 长的商业综合体全部入口无障碍如何实现

小 结

（1）楼梯设计踏步、梯段、休息平台、栏杆扶手的尺寸要求。

（2）封闭楼梯间和防烟楼梯间的消防要求（非常重要）。

（3）楼梯详图设计：比例；平、剖面的尺寸标注内容；局部大样的选用和设计。

作业

1. 实地考察一个你所在办公楼、住宅或其他公共建筑（如商场）的楼梯间，辨别其属性，测量设计数据（如踏步、栏杆扶手、梯段、休息平台等），并检查其设计是否满足消防要求。

2. 自学《建筑设计防火规范》（GB 50016—2014）及《建筑防火通用规范》（GB 55037—2022）中"疏散楼梯间和疏散楼梯"相关内容。

3. 实际完成一套楼梯详图。

第三节　电梯详图设计

电梯的发明，促生了高层建筑的诞生及迅猛发展。随着电梯的普及，逐步取代了楼梯，成为建筑中的第一垂直交通工具（楼梯的角色则更主要是作为消防疏散通道），并且不仅加入了原先由"楼梯厕所"组成的平面核心内容，还成为主角。此时，楼梯和电梯详图通常画在一起，尤其是平面，这样也方便与平面核对。

一、电梯赋能建筑

（一）电梯的发明促生高层建筑

美国发明家伊莱沙·格雷夫斯·奥的斯（又译奥蒂斯，Elisha Graves Otis）（图 6-42）被称为"电梯之父"。他的贡献在于 1852 年设计出一种制动装置，解决了当时已经普遍使用的货运升降机的安全问题：一旦吊绳突然断裂，升降机不会急速地坠落到底层。"安全"是升降机用于客运的前提。1857 年 3 月 23 日，奥的斯公司在纽约为 E.V. Haughwout 公司的一座专营法国瓷器和玻璃器皿的商店安装了世界上第 1 台客运升降机。该商店共有 5 层，升降机由建筑物内的蒸汽动力站通过一系列轴和传送带驱动。该梯可载重 500kg，速度约为 12m/min。

图 6-42　电梯之父奥的斯

不过真正能够称为"电梯"（用电能驱动升降梯）的产品是在 20 世纪初才出现的。1889 年 12 月，奥的斯电梯公司才在纽约的第玛瑞斯特大楼安装了第一部名副其实的电梯——它采取直流电动机为动力，通过涡轮减速器带动卷筒上缠绕的绳索，悬挂并升降轿厢。这座古老的电梯每分钟只能走 10m 左右。1900 年，以交流电动机传动的电梯问世。1902 年，瑞士的迅达公司研制成功了世界上第一台按钮式自动电梯，采取全自动的控制方式，提高了电梯的输送能力和安全性。

1898 年，美国设计者西伯格买下了一项扶梯专利，并与奥的斯公司携手改进制作。1899 年，第 1 台奥的斯 – 西伯格阶梯式扶梯试制成功，这是世界第一台真正的扶梯。

电梯的发明使建筑向高层发展成为可能，我国的第一台电梯安装于天津的利顺德饭店（图 6-43、图 6-44）。1950 年，安装在高层建筑外面的观光电梯出现，使乘客能在电梯运行中清楚地眺望四周的景色。至此，电梯不仅仅作为交通工具，本身又成为建筑内部的一个景观（图 6-45）。值得一提的是，电梯还是建筑中唯一建筑师管理的"设备"。

图 6-43　天津利顺德饭店的电梯　　　图 6-44　目前世界第一高楼——迪拜哈利法塔

图 6-45　观光电梯成为酒店中庭的动态景观

（二）丰富了建筑立面

电梯促进了高层、超高层建筑的发展，高层建筑又催生出"幕墙"这种立面形式，区别于传统的洞口式外窗，其巨大的尺度令人震撼（图 6-44）。

（三）无障碍的保障

如果没有电梯，建筑的无障碍设计就无从谈起。借助电梯，轮椅才得以在建筑中畅通无阻（图 6-46）。

图 6-46　北京某地铁内服务人员利用简易设备帮助轮椅上楼梯

二、电梯的参数指标

（一）载重量及电梯容量

1. 单位

千克（kg）。

2. 常见规格

（1）客梯。其常见规格有 630kg、800kg、1000kg、1350kg、1600kg、1800kg。

（2）货梯。其常见规格有 2000kg、2500kg、3000kg、5000kg。

（3）杂物梯。其常见规格有 40kg、100kg、250kg。

其中，住宅最常用的客梯是 800kg 和 1000kg 的；写字楼客梯至少是 1350kg，因为 1000kg 的客梯门比较窄，上下班高峰人员进出速度太慢；高级写字楼一般用 1600kg 的客梯，轿厢内相对宽松一些，人在乘梯时心理感受更舒适。我们在乘电梯时经常会看到电梯按钮上方的铭牌上会标明额定载重量（图 6-47）。

病床梯可以看成是特殊的"客货混合梯"，常用的是 1600~1800kg 载重量。其特殊性在于它的"货物"是人，而且轿厢与货

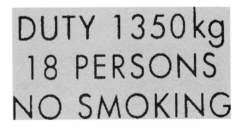

图 6-47　客梯额定载重量铭牌

梯形状类似，是进深大于面宽的，而普通客梯轿厢为了方便人员进出，一般面宽大于进深。

杂物梯是不能上人、专门送小件货物的小型货梯，比如旅馆、饭店里厨房与餐厅很可能不在同一楼层，就会用到专门送食物的食梯。杂物梯一般是开"窗口"，而不是开落地的电梯"门"（图 6-48）。

图 6-48　食梯

（二）额定速度

1. 单位

米 / 秒（m/s）。

2. 常见规格

常见规格有 0.63m/s、1.0m/s、1.6m/s、1.75m/s、2.5m/s、3.5m/s、5m/s…16.8m/s（台北 101），18m/s（上海中心，目前最快）。

其中，1.75m/s 是比较常用的高层建筑电梯速度，病床梯通常也采用这个速度；2.5m/s 以上就是高速电梯了；超高层中的高区可采用 3.5m/s 甚至 5m/s 的速度。

3. 额定速度不是匀速

需要注意的是，"额定速度"不是自始至终的匀速，而是有一个"加速—额定速度—匀速—减速"的过程，和高铁一样，标称为 300km/h，并不是一开车就是这个速度，而是行驶一段时间后才能达到，而接近终点时又必须要减速。

视频详解：上海中心高速观光电梯体验

（三）提升高度

目前一次性最大提升高度是 579.78m，也是上海中心创造的纪录（图 6-49）。上海中心的高度是 632m，为中国第一、世界第二高的建筑，而世界第一高的哈利法塔建筑总高度 828m，比上海中心早建成 6 年，但即便是今天落成，也无法乘电梯一次性到达观光顶层。我参观过很多世界各地的摩天楼、电视塔，只要能上去的都要上去俯瞰一下整座城市，乘观光电梯上哈利法塔是个特例，必须要换乘2次电梯才能到顶，只能感叹实在是太高了。

图 6-49　从上海中心上俯瞰黄浦江两岸

（四）井道尺寸与轿厢尺寸

1. 井道与轿厢

轿厢属于电梯设备的一部分，其尺寸与载重量相关，选定了电梯型号，轿厢大小就确定了，不用去记轿厢尺寸。而井道是轿厢运行的空间，也会随着载重量而变化，属于土建，其尺寸需要建筑师确定，因此我们应熟悉常用的电梯载重量与井道尺寸的关系。

2. 常用井道尺寸与载重量

1000kg 客梯：约 2200×2200mm；

1600kg 客梯：约 2600×2400mm；

1600kg 病床梯：约 2500×3000mm；

2000kg 货梯：约 2700×3200mm。

由于电梯属于设备，而招标又往往滞后，所以非常鼓励读者向多个厂商索取最新土建条件资料，按较大尺寸预留。

3. 宽深比例

除了尺寸，井道的形状比例也需要注意。前文已经提到普通客梯轿厢为了方便人员进出，一般面宽大于进深，是"宽型"；而运送货物常使用推车，因此货梯是进深大于面宽的，属于"深型"，病床梯也是"深型"（图 6-50）。

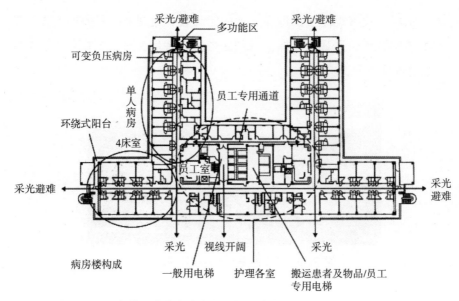

图 6-50 日本某医院病房楼案例：核心筒中客梯、病床梯和货梯尺寸

（五）门宽

（1）电梯门宽与轿厢宽度、载重量有关。

（2）常见门宽：800mm、1000mm、1100mm、1300mm、1500mm、2200mm、2400mm。

（3）公共建筑的电梯门宽不宜小于1100mm。

上文讲了公共建筑、写字楼客梯载重量最少应不小于1350kg，目的就是为了让门宽一些。不知读者是否留意过很多写字楼的电梯在人员上下班高峰时非常拥挤，抬头看一下铭牌，发现都采用了1000kg的客梯，据此可以推测出其设计者比较缺乏公共建筑设计经验，因为住宅人数少，早晚高峰又不如写字楼那么集中，大多数用1000kg的客梯是足够的。

（六）缓冲高度与基坑深度

电梯的缓冲高度与基坑深度都和速度正相关，即速度越快，缓冲高度与基坑深度就越大，反之越小。前文介绍过电梯运行有加速、定速、减速的过程，而缓冲高度与基坑深度就是给加速和减速预留的缓冲空间。因此，井道的顶板会比顶层的顶板标高要高，基坑的地板标高也低于第一个停靠楼层的底板标高（图6-51）。

所谓的无机房电梯，并不是不需要顶部缓冲高度，而是将缓冲高度与机房空间合并（顶层高度需大于标准层），使建筑物顶部没有凸出物。合并的前提是提升高度不高（一般六层以下），载重量不大（一般1000kg以下），电梯速度比较慢（一般1.75m/s以下）（图6-52）。

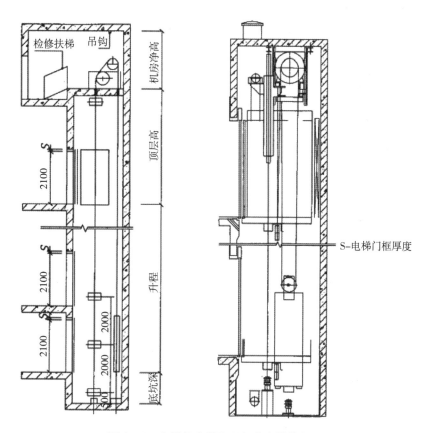

图 6-51　曳引机电梯和无机房电梯的剖面

图 6-52　无机房电梯顶层的控制柜

三、电梯的分类与适用范围

（一）电梯的分类

1. 按荷载种类

电梯按荷载种类的分类如图 6-53 所示。

图 6-53 电梯按荷载种类分类

2. 按动力种类（图 6-54）

液压电梯不需要机房，但需要底坑放置液压设备，并且速度比较慢，一般提升高度不超过 4 层。

图 6-54 电梯按动力种类分类

（二）各种电梯的特点与适用范围

1. 客梯、货梯、病床梯的参数对比

客梯、货梯、病床梯的参数对比见表 6-8。

视频详解：电梯的选用

表 6-8 客梯、货梯、病床梯的参数对比

电梯类别	载重量 /kg	速度 /（m/s）	轿箱类型	机房
客梯	无限制	无限制	宽型	无限制
货梯	＞ 2000	无限制（较慢）	深型	没有"无机房"标准产品
病床梯	1600	0.6 居多，1.75 以下	深型	没有"无机房"标准产品

2. 消防电梯

消防电梯不是单独的一种电梯类型，客梯、货梯均可兼作消防电梯，是发生火灾时供消防队员使用的，而不是普通人用来疏散的。消防电梯应符合的要求如下：

（1）应每层停。

（2）载重量大于或等于 800kg。

（3）首层至顶层运行时间不宜大于 60s。

（4）电缆、电线、面板应有防水措施。

（5）首层设消防员专用按钮。

（6）轿厢内装修应采用不燃材料。

（7）轿厢内设消防专用对讲电话。

（8）消防电梯井、机房与相邻电梯井、机房之间应设耐火极限不低于 2h 的防火隔墙，隔墙上的门应采用甲级防火门。

（9）消防电梯前室使用面积大于或等于 6m²；合用前室大于或等于 12m²，且短边大于或等于 2.4m；前室门应采用乙级防火门，不应采用卷帘。

四、电梯的布置原则

（一）电梯布置常见错误

1. 分散

2. 捆绑楼梯

3. 公共建筑载重量选用过小

视频详解：电梯布置常见错误

（二）电梯布置原则

1. 集中

2. 成对（最少 2 台）

3. 客货比例（1∶3~1∶4）

4. 电梯厅进深

"技术措施"中给出了电梯厅进深的设计原则（图 6-55），常见的进深在 2.5~4m。

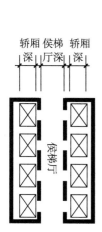

电梯类别	布置方式	候梯厅深度	备注
住宅电梯	单台	≥1.5m	B 为轿厢深度，B' 为最大轿厢深度；货梯候梯厅深度同单台住宅电梯；本表摘自《住宅设计规范》（GB 50096—2011）、《民用建筑设计通则》（GB 50352—2005）和《无障碍设计规范》（GB 50763—2012）
住宅电梯	单台	老年居住建筑 ≥1.6m	
住宅电梯	多台单侧布置	≥B'	
住宅电梯	多台双排布置	≥相对电梯 B' 之和 并 <3.5m	
一般用途电梯	单台	≥1.5B	
一般用途电梯	多台单侧布置	≥1.5B'，当电梯群为 4 台时应 ≥2.4m	
一般用途电梯	多台双排布置	≥相对电梯 B' 之和 并 <4.5m	
病床电梯	单台	≥1.5B	
病床电梯	多台单侧布置	≥1.5B'	
病床电梯	多台双排布置	≥相对电梯 B' 之和	
无障碍电梯	多台或单台	≥1.5m	

图 6-55　电梯厅进深尺度

5. 电梯厅设计常见问题

电梯厅设计常见问题包括非消防电梯前室设置防火门（做住宅的惯性）、医院病房楼电梯厅过宽等。

视频详解：电梯厅布置常见问题

五、电梯详图深度要求

（一）组成

包括各楼层平面、机房层平面、剖面（剖井道和电梯门），如果是核心筒内的电梯，平面可连带楼梯一起画，剖面单独画。

（二）比例（同楼梯）

比例为1∶50，要画出装修线，混凝土可以填充灰色（252号）或图例。

（三）标注内容

1. 平面

平面上应该标注的主要内容如下（图6-56）：

（1）开门不同（是否停靠）的各层平面。

（2）机房层平面。

（3）轴线、轴线号、轴线尺寸。

（4）楼层标高（建筑、结构）。

（5）剖切号。

（6）井道尺寸。

（7）墙厚。

（8）门洞尺寸。

（9）电梯编号。

2. 剖面

剖切位置是固定的——必须剖到门洞，且只需要这一个方向的剖面。剖面需要标注的主要内容如下（图6-57、图6-58）：

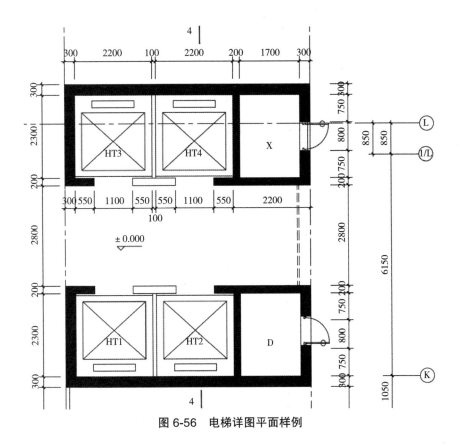

图 6-56　电梯详图平面样例

（1）轴线、轴线号、轴线尺寸。

（2）楼层标高（建筑、结构）、层高、楼层名称。

（3）门洞尺寸。

（4）基坑深度。

（5）顶层高度。

（6）机房层高。

（7）井道深度。

（四）与结构专业的配合

电梯详图与结构专业的配合主要反映在平面和剖面的个别细节中，包括剪力墙、牛腿等。总体来说，电梯详图比楼梯详图要简单很多，因为毕竟电梯是设备成品，有厂商可以作为技术支持。

视频详解：电梯详图与结构专业的配合细节

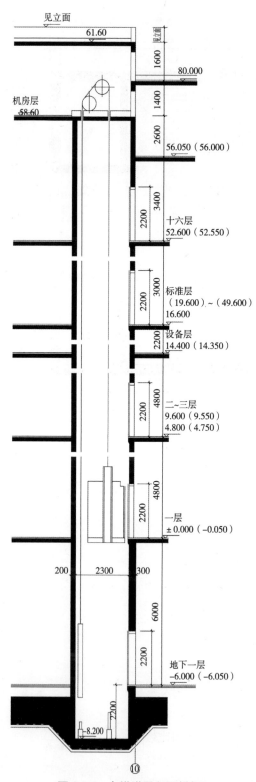

图 6-57　电梯详图剖面样例

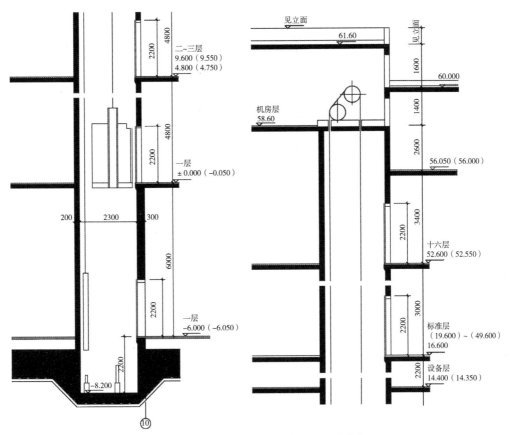

图 6-58　电梯详图剖面样例（分段放大）

小　结

（1）电梯的主要参数指标包括载重量、额定速度、提升高度、井道尺寸、轿厢尺寸、轿厢门宽、缓冲高度与基坑深度。

（2）客梯、货梯、病床梯的参数对比。

（3）消防电梯设计要求。

（4）电梯的布置应遵循集中、成对的布置原则，并注意电梯厅进深要求。

（5）电梯详图深度要求。

作业

实地考察电梯，重点关注轿厢中铭牌标注的各种电梯参数，测量门宽、门高、轿厢尺寸（长、宽、高）、电梯厅进深等；如果是消防电梯，测量前室面积，并观察是否具备必要的消防设施。并拍照记录。

第四节　门窗设计、门窗表及门窗详图设计

一、门窗分类与性能

（一）门窗的分类

1. 按框料材质

门窗按框料材质可分为木门窗、钢门窗、不锈钢门窗、铝合金门窗、塑料门窗、复合（塑钢、钢木、铝塑等）门窗等。

2. 按功能

门窗除了采光、通风基本功能外，还可具有防火、隔声、隔绝视线或光线（百叶）、防护（防射线、人防防护密闭门及密闭门）等特殊功能。

3. 按开启方式

除了固定窗，窗最常见的开启方式为平开及推拉。另外，还有上悬、中悬和下悬窗。图 6-59 所示是笔者家中既可平开又可上悬的窗，平开时可加速通风，上悬时可起到风斗的作用，导引空气（尤其是冷空气）自上而下流动，即可有效形成对流，又使人冬天不至于感到脚凉。

图 6-59　笔者家中既可平开又可上悬的窗

门的开启方式除了以上最常见的平开和推拉以外，还有弹簧门、折叠门、卷帘门、提升门（常见于工厂）、旋转门、自动门等。

4. 玻璃幕墙

当外墙上窗玻璃的面积无限扩大至整个墙面，就形成了一种新型的具有装饰性的整体外围护结构——玻璃幕墙，幕墙中的玻璃无论是否可开启，都应满足和洞口门窗同样的性能指标，以及自身特殊的性能要求。

> 视频详解：玻璃幕墙工程实例

玻璃幕墙可以按支承结构及安装方式不同进行分类（图 6-60）。

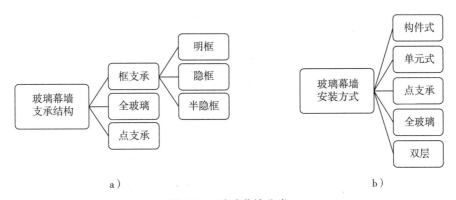

a)   b)

图 6-60 玻璃幕墙分类

（二）门窗作用与功能

1. 作用

首先，门窗是外围护结构的一部分，基本作用就是采光、通风，同时门还起到作为建筑出入口的作用，当然紧急的时候，窗也可以成为逃生口，比如消防救援窗。

其次，门窗是室内外环境的联系，人在室内需要了解室外的天气、时间、环境，窗口就是沟通室内外环境的桥梁，所以人长期停留的室内空间应避免黑房间。心理学上有个"黑箱效应"，没有窗的房间就是一个黑箱，信息的封闭会对人造成很大心理压力，人会胡思乱想。

> 视频详解：门窗的作用

窗还是立面的重要元素，外墙的窗墙比、开窗形式、开窗位置、窗洞比例等都会赋予建筑不同的风格。

2. 功能

除了采光、通风以外，不同部位的门窗还具有防水、隔声、保温、防火、防辐射、装饰等功能（图 6-61~ 图 6-64）。

图 6-61　推杆式消防疏散门

图 6-62　商场里防火分区之间的防火卷帘

图 6-63　医院 X 光控制室的防射线观察窗

图 6-64　人防车库的防护密闭门与密闭门

（三）门窗的物理性能

1. 气密性、水密性、抗风压

《建筑幕墙、门窗通用技术条件》（GB/T 31433—2015）中列出了幕墙、门窗各项性能分级，应了解以下内容：

（1）同等条件下的抗风压性能。铝合金窗＞塑钢窗，推拉窗＞外平开窗。

（2）气密性指标数值越小越好，等级越高。

（3）水密性、抗风压指标越大越好，等级越高。

2. 隔声性能

指标越大越好，等级越高。

视频详解：门窗的物理性能指标与分级

3. 保温性能

（1）根据传热系数 K 值进行分级，K 越小越好，保温性能越好（主要看框料材质）。

（2）同等条件下，K 值从小到大：木＜塑钢＜钢＜单层铝合金。

（3）复合材料更保温，比如铝塑（断桥铝）框＋中空玻璃。

4. 玻璃幕墙其他性能指标

（1）平面变形性能。地震与大风作用下，建筑物层间结构产生相对位移会导致幕墙构件产生水平强制位移。

（2）耐冲击性能。

5. 警惕玻璃幕墙的环境危害与事故

（1）钢化玻璃自爆率。

（2）光反射与聚焦（光污染）。

（3）高空坠落。

视频详解：玻璃幕墙的环境危害与事故案例

（四）玻璃的分类与性能

1. 玻璃的种类

玻璃的种类包括平板、中空、钢化、夹丝、夹层、镀膜、压花、着色玻璃等。常见厚度有 3mm、6mm、12mm 等。

2. 光学热工性能

以下是摘录的一些玻璃光学热工参数（表6-9）。

表 6-9　玻璃光学热工参数

玻璃品种及规格 /mm		可见光透射比 τ_v	太阳能总透射比 g_g	遮阳系数 SC	传热系数 U_g/[W/(m² · K)]
透明玻璃	3 厚	0.83	0.87	1.00	5.8
	6 厚	0.77	0.82	0.93	5.7
	12 厚	0.65	0.74	0.84	5.5
吸热玻璃	5 厚绿色吸热玻璃	0.77	0.64	0.76	5.7
	6 厚蓝色吸热玻璃	0.54	0.62	0.72	5.7
	5 厚茶色吸热玻璃	0.50	0.62	0.72	5.7
	5 厚灰色吸热玻璃	0.42	0.60	0.69	5.7
热反射玻璃	6 厚高透光热反射玻璃	0.56	0.56	0.64	5.7
	6 厚中等透光热反射玻璃	0.40	0.43	0.49	5.4
	6 厚低透光热反射玻璃	0.15	0.26	0.30	4.6
	6 厚特低透光热反射玻璃	0.11	0.25	0.29	4.6
单片 Low-E 玻璃	6 厚高透光 Low-E 玻璃	0.61	0.51	0.58	3.6
	6 厚中等透光型 Low-E 玻璃	0.55	0.44	0.51	3.5
中空玻璃	6 透明 +12 空气 +6 透明	0.71	0.75	0.86	2.8
	6 绿色吸热 +12 空气 +6 透明	0.66	0.47	0.54	2.8
	6 灰色吸热 +12 空气 +6 透明	0.38	0.45	0.51	2.8
	6 中等透光热反射 +12 空气 +6 透明	0.28	0.29	0.38	2.4
	6 低透光热反射 +12 空气 +6 透明	0.16	0.16	0.18	2.3
	6 高透光 Low-E+12 空气 +6 透明	0.72	0.47	0.62	1.9
	6 中透光 Low-E+12 空气 +6 透明	0.62	0.37	0.50	1.8
	6 较低透光 Low-E+12 空气 +6 透明	0.48	0.28	0.38	1.8
	6 低透光 Low-E+12 空气 +6 透明	0.35	0.20	0.30	1.8
	6 高透光 Low-E+12 氩气 +6 透明	0.72	0.47	0.62	1.5
	6 中透光 Low-E+12 氩气 +6 透明	0.62	0.37	0.50	1.4

注：1. 本表摘自《建筑门窗玻璃幕墙热工计算规程》（JGJ/T 151—2008）。

2. 单片透明玻璃：保温、隔热性能不好，不宜用于节能门窗。

3. 单片着色玻璃：不适用于冬季以采暖为主的北方地区，适用于夏季以空调为主的南方地区。

4. 透明中空玻璃：适用于冬季以采暖为主的北方地区。

5. 单银 low-E 中空玻璃：适用于冬季以采暖为主的北方地区。

6. 双银 low-E 中空玻璃：适用于夏热冬冷、夏热冬暖地区的有高通透要求的建筑。其遮阳效果不好，透光率高。

7. 单片热反射镀膜玻璃：保温性能差，透光率低，适用于夏热冬暖地区；贴膜、涂膜等热反射玻璃，虽能起到反射隔热作用，但由于受工艺所限，不耐久。

我们常说的 "Low-E 玻璃"，即 Low-Emissivity 低辐射玻璃，其通过镀膜阻隔红外线，保温隔热，要达到节能、保温的要求，应使用双层中空 Low-E 玻璃。

3. 安全玻璃

安全玻璃是符合国家标准的钢化、夹层及复合加工而成的玻璃，如安全中空玻璃。

需要使用安全玻璃的部位可参考相关门窗及玻璃技术规程，内容包括：

（1）大于 $1.5m^2$ 以上。

（2）天窗、采光顶等。

（3）低于普通窗台高度的外窗。

（4）人员密集场所，易碰撞部位。

二、门窗设计中的常见错误

（一）1200mm 的双扇门

1. 1200mm 双扇门的弊端

1200mm 双扇门的弊端在前面楼梯详图的章节已经详细讲解，此处不再赘述。

2. 窄而高的门

一些公共建筑入口采用的双扇门窄而高，相对于人开门的力量，门扇的力臂太短，对娇小的女生非常不友好（图 6-65）。

3. 住宅厨房的双扇推拉门

有些住宅厨房的门洞只有 800mm 宽也采用双扇推拉门，进出宽度还不足 400mm。计算机制图有现成的图块，插入很容易，很多建筑师就不看尺寸，机械搬运，这就是我说的"设计不用心"，完全把自己当成绘图员（图 6-66）。

图 6-65 几乎有两个人身高的门对娇小女生非常不友好

（二）中转门

这是当下装修中非常流行的做法，实践发现存在着与"窄而高的双扇门"类似的问题，即通行宽度最多只有洞口的一半，而且因为中轴太活打开角度无法控制，很可能用力过猛，打开角度超过 90°，身后半扇门还会打到出入门的人员。后来发现其实此种门并不是当作"门"使用的，最常用的场合是安装一排多扇中转门，当作屏风隔断使用，装饰功能远大于使用功能（图 6-67）。

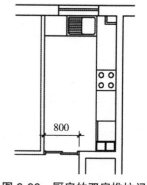

图 6-66　厨房的双扇推拉门

中转门用的时候实际只能开一半

图 6-67　中转门

三、门窗编号与门窗表

（一）门窗编号

1. 门窗属性

要对门窗进行编号、定义唯一的一樘门或窗，首先需要了解门窗有哪些属性，因为各种属性有很多种排列组合的可能性，而只要有一个属性不一样就是不同的。门窗的属性包括：

（1）洞口尺寸：宽 × 高。

（2）门框、门扇：框料门扇材质、玻璃种类、物理性能（保温、隔热、隔声、防射线等）。

（3）防火性能：甲、乙、丙。

（4）样式：分格、颜色、百叶等。

（5）开启方式：平开、推拉、自动、卷帘、提升、折叠、上下悬等。

（6）五金件种类。

2.传统编号方法

传统粗糙的土建编号法只有洞口尺寸、框料材质，比如"LC1518"表示铝合金框料的窗，洞口尺寸是 1500mm×1800mm（宽 × 高），对比上述的属性缺了太多，同样标号可以有很多种样式，显然不科学，根本无法控制施工。

后来在一个复杂的公建项目中我的同事尝试过改进版，编号复杂些，包含的属性更多，但仍然不能定义唯一性。可以想象，如果把每个属性中所有的变量都在一个编号中列出，编号会特别长，标注在平面上也看不清，所以此路从理论上就行不通，如果仅用于防火门窗尚有可能。

可见，国内习惯的传统编号方法实际在施工中建筑师难以控制，出图时省事了，但大量的工作要遗留给施工配合阶段，"躲过初一躲不过十五"。

视频详解：传统门窗编号的弊端及案例

3.最科学的编号方法

贝聿铭先生的中国银行总部大厦采用"一门一窗一号"的编号方法，可以与大样图配合，确定门窗的唯一性，每层都从 1 开始。这种最简单的编号方法其实才是最科学的、可实施的，最适合用于大工程。也只有这样，建筑师才能控制最终的效果。

视频详解："一门一窗一号"是最科学的门窗编号方法

（二）门窗表

1.门窗表的作用

门窗表的作用是为了统计工程量，进行工程预算。

2.门窗表与平面图

一般来讲，门窗表要跟随平面附在图纸上，目的是为了方便核对，因为平面的变动必然会引起门窗的变化。不过有时大工程一层的面积非常大，即使是按照平面图最小比例 1∶150 都需要切块，把一层平面分为几张、甚至十几张 0 号图，而完整平面比例就会比较小（主要是为了有个整体效果），门窗标号也无法表示，这时门窗表就可以做成 A4 的文本手册，像一本书一样，与平面图核对也很方便。中国银行总部大厦就是这么做的。

视频详解：门窗表案例

四、门窗详图

（一）门窗构造

1. 安装构造原理：门扇与墙，如何连接？

我们在构造原理的章节讲过，两个构件无法直接连接时就需要第三个媒介，门窗扇和墙之间的媒介就是门窗框。

另外还需要一些五金件：铰链（合页）、门锁、拉手、闭门器、逃生推杆等，以及其他附件，如贴脸、筒子板、窗台板、窗帘盒、亮子、密封条等。

2. 门窗框的安装

门窗框的安装大致可以分为以下两步：

第一步，将门窗框与墙体固定。

第二步，由于土建的门窗洞口表面粗糙不平，门窗框无法与之完全贴合，其实即使比较平整也无法做到严丝合缝，所以一定要用弹性材料填充，以适应两者微小的应力变形（图 6-68）。

视频详解：门窗构造及门窗框的安装案例

图 6-68　门框安装

3. 洞口与门窗框间隙尺寸

洞口与门窗框之间应留有一定间隙，填充弹性材料，才能保证密封，就像水管之间的连接需要橡胶垫圈一样。间隙的大小与墙面装修材料相关，为的是满足装修效果，可参照表 6-10。

表 6-10 洞口与门窗框间隙

墙体饰面层材料	洞口与门窗框的伸缩缝间隙 /mm
清水墙及附框	10
水泥砂浆或贴陶瓷锦砖	15~20
贴釉面瓷砖	20~25
贴大理石或花岗石板	40~50
外保温墙体	保温层厚度 +10

注：窗下框与洞口间隙根据设计要求确定。

视频详解：洞口与门窗框间隙

（二）门窗详图深度要求

1. 比例

比例为 1∶20。

2. 内容

立面。

3. 标注内容（图 6-69）

（1）门窗编号（与门窗表对应）。

（2）洞口：虚线。

（3）洞口尺寸（结构）。

（4）洞口与窗框缝隙尺寸。

（5）开启扇。

（6）开启方向：外开实线，内开虚线。

（7）分格方式与尺寸。

（8）必要说明。

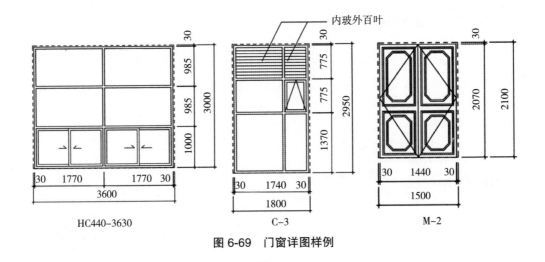

图 6-69　门窗详图样例

五、土建施工图中的门窗表与详图

门窗作为建筑外立面和内装修的重要元素，建筑师是应当重点把控的。但在国内现实建造过程中，建筑师不能决定材料供应商，甲方的招标又严重滞后于施工图设计，因此，土建施工图中的门窗详图其实是很粗糙的，更多功能是服务于预算。

那么如何能保证最后建成的效果呢？施工图很多关于决定材料、与供应商及甲方协调的工作量就落到了施工配合的过程中，也就是说建筑师暂时无法一步到位呈现出设想，而是得"分期"进行。这期间各方协商沟通，因为很多条件无法预估、预留，难免反复。在此种背景下，如果我们采用"一门一窗一号"的编号方法，这部分工作量在后期配合中仍然是有效的，只需要重新整理门窗属性，看似是有返工，但原本门窗表也很粗浅，所以返工并不算严重。

这种建设流程很可能无法保证最理想的完成效果，所以只有建筑师坚持从始至终的参与才能最大程度提高工程质量，才有可能获得甲方更大信任，也为我们日后的方案设计打下深厚的基础。建筑师的每项工作都不会白费，都是积累的过程。

***

小　结

（1）门窗是外围护结构的一部分，具有防水、隔声、保温、防火、装饰等功能，应满足气密、水密、抗风压、保温、防火等性能指标。

（2）门窗编号最科学合理的方法是"一门一窗一号"，与门窗详图配合可定义唯一性，门窗表应附在平面上。

（3）安装门窗时，门窗框与结构洞口之间，应根据不同外装修材料留有缝隙。

（4）土建施工图中的门窗表和门窗详图深度尚达不到控制最后的装修效果，还应在施工配合中继续与供应商、甲方、工地配合协调，继续深化，直至完成。

作业

1. 自学《建筑设计防火规范》（GB 50016—2014）及《建筑防火通用规范》（GB 55037—2022）中关于防火门窗、疏散门的规定。

2. 自学《全国民用建筑工程设计技术措施——规划、建筑、景观》中门窗的防火设计的相关内容。

第五节　制图标准与出图打印

一般的施工图课程习惯于先学习制图，可能是图板时代的习惯，因为如果不学制图规定就没法下笔。但在计算机绘图时代，出图打印是最后一个步骤，在绘图过程中，屏幕上的线条和文字都可以任意放大、缩小，并且无限次修改，这是与手画图最大的区别。所以，用计算机绘图，除了字体大小设置要考虑比例，线型比例、线宽、颜色、图框等都可以出图时再设置，而且编辑修改也很方便。故此，我把制图放在详图设计之后，与实际工作顺序一致，这样读者把自己的工作成果经过排版设置打印出来，就完成了自己的第一次施工图设计，既有的放矢，又会很有成就感。

一、制图标准

（一）图幅

1. 纸张尺寸

（1）ISO 的 A、B、C 系列（图 6-70）。

A、B、C 每个系列纸张的长宽尺寸比例相同：长 =2× 宽，长 : 宽 = $\sqrt{2}$: 1。

A、B 系列之间图幅大小关系是 $\sqrt{2}$ ：如果 A0 纸的面积设定为 1m²，B0 的面积是 1.414m²，B 系列的面积是相应的 A 系列面积的 $\sqrt{2} \approx 1.414$ 倍。

C 系列不常用。

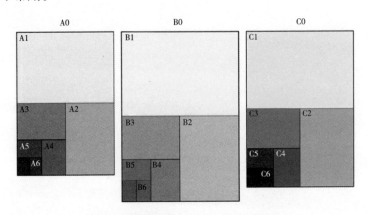

图 6-70　ISO 的 A、B、C 系列图纸

（2）各系列尺寸（表6-11）。

表 6-11　ISO 系列纸张尺寸

（单位：mm）

A 系列		B 系列		C 系列	
A0	841 × 1189	B0	1000 × 1414	C0	917 × 1297
A1	594 × 841	B1	707 × 1000	C1	648 × 917
A2	420 × 594	B2	500 × 707	C2	458 × 648
A3	297 × 420	B3	353 × 500	C3	324 × 458
A4	210 × 297	B4	250 × 353	C4	229 × 324
A5	148 × 210	B5	176 × 250	C5	162 × 229
A6	105 × 148	B6	125 × 176	C6	114 × 162
A7	74 × 105	B7	88 × 125	C7	81 × 114
A8	52 × 74	B8	62 × 88	C8	57 × 81
A9	37 × 52	B9	44 × 62	C9	40 × 57
A10	26 × 37	B10	31 × 44	C10	28 × 40

2. 统一图幅的优势

（1）专业作风的重要体现。

20世纪90年代我们开始与西方事务所合作，中国银行北京总部项目图纸全部采用 A0 图幅，所有说明装订成 A4 文本，使国内的无论甲方还是设计院都耳目一新，一下子树立起专业大气的第一印象，也让甲方特别满意。

相比之下，我国以往图纸大小不一、还经常出现长长的"床单"，一本图纸每翻一张都要折叠打开一番，折叠方式还不一样，不但审阅极为不便，而且显得非常凌乱，给人拼凑之感，像是出自小作坊——十分不专业。这种缺乏服务意识和换位思考的工作方式在市场竞争中是早晚要被淘汰的。

（2）便于整理、装订、审阅。

3. 说明用 A4 文本更方便阅读

前面"施工图的组成"章节已经讲过文本装订成册的好处，这里不再赘述。

（二）比例

1. 比例设置原则（表6-12）

（1）字体能够被分辨。

计算机出现之前图纸都是靠手绘，人眼分辨率是固定的，而且手写字的大小基本也是固定的，因此绘图比例根据图纸上字体能够被人眼分辨而设定，故不能随意变动。

（2）使标注有足够空间，不与图纸线条重叠。

表 6-12　图纸比例规定

图名	比例
平面图、立面图、剖面图	1：50，1：100，1：150（1：200，1：300）
局部放大图	1：10，1：20，1：30，1：50
配件及构造详图	1：1，1：2，1：5，1：10，1：15，1：20，1：30，1：50

要注意的是，平、立、剖中能够标注详细尺寸的图纸比例最小不能小于1：150。当平面面积过大，A0图纸都无法绘制完整平面时，标注尺寸的切块分区平面比例仍然不能小于1：150，而完整平面不需要标注详细尺寸，比例以满足图幅为准，甚至可以到1：400。

2. 为什么要绘制详图

楼梯、卫生间、门窗等局部内容在平、立、剖面整体中所占面积很小，如果按照平、立、剖面的比例标注尺寸、文字，内容将会重叠。所以要把这些局部单元比例放大，相对于不变的文字大小，线条更长、间距更大，就不会和标注重叠了。

3. 比例越大，内容越详细

（1）1：50以上的平面应有装修线，1：30以上应有材料图例填充。

（2）详图常用比例。

楼梯、电梯、坡道、客房、户型等——1：50；

卫生间、墙身、门窗等——1：20；

变形缝、局部节点、特殊构件等——1：10~1：5。

（三）线型与线宽

1. 线型（图6-71）

（1）线型推荐使用 ACAD_ISO 系列，方便纸空间出图。

（2）根据出图比例设置线型比例 "LTS"（Line Type Scale）。

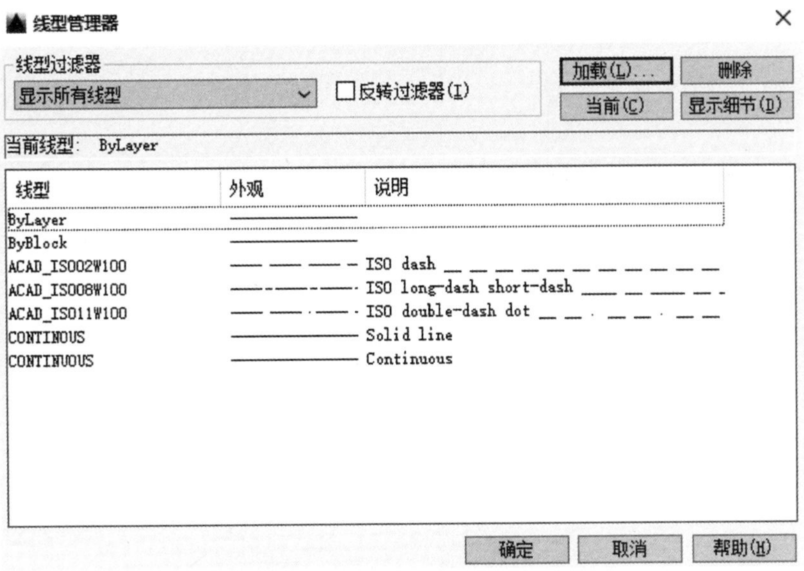

图 6-71　ACAD 中的 ISO 系列线型

2. 线宽

（1）粗、中粗、细三种线宽。

视频详解：线型与线型比例设置

计算机制图和手绘图对于图面的要求是一样的，图面中的线条应有粗细区分，用以突出前后层次，显得立体、美观，至少分为粗、中粗、细三种线宽。现在很多人计算机出图立面中全部是一种线宽，灰暗一片，给人感觉缺乏基本素养。

（2）线宽以 0.18mm 为基准。

计算机中设置的线宽和针管笔的粗细是一样的，大多数线条都适合 0.18mm，局部需要加粗的，比如立面外轮廓线、结构柱、墙体轮廓线可以设为 0.5~0.7mm，文字标注可设为 0.25mm，需要变细的，比如轴线、家具、洁具、填充等可以设为 0.13~0.15mm。

（3）在图层中设置。

视频详解：图层中设置线宽举例

早期的 AutoCAD 软件线宽只能在出图时设置，后来版本更新，很快就实现了在"图层"中设置多种打印参数的功能，非常方便。建议读者多多利用图层中的设置功能，可事半功倍。

（四）字体（图6-72）

1. 字高以手写字体为标准

（1）尺寸数字。纸上字高 2.5~3mm。

（2）一般文字。仿宋字，纸上字高 5~8mm，宽高比 0.7。

（3）图名。黑体字，纸上字高 8~10mm，宽高比 1。

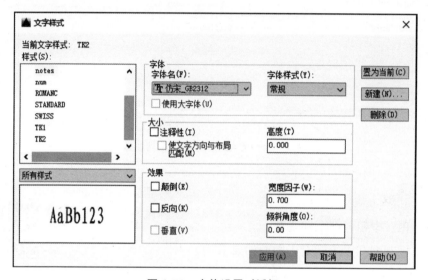

图 6-72　字体设置对话框

2. 中文字体通用性

（1）推荐使用系统字体 True Type。

（2）中文字不用"*.shx"（big fonts）字体。

"*.shx"是 AutoCAD 软件早期没有中文版时，国内出现的各种外挂中文字体。其最大的缺点是兼容性差：与英文和数字大小不协调；不同人、不同单位出图所附字体都不一样，给修改特别是修改前任设计人图纸造成很大麻烦，严重降低了工作效率。

视频详解：中文字体选用及示例

3. 多行文字编辑

多行文字编辑是 AutoCAD 中编辑小段文字，比如写说明、图例、构造做法层次时非常好用的功能。写字时输入命令 MT，然后画一个大致的矩形框，把文字范围框出，就可以写多行文字了。修改时的命令是 ED，可以编辑个别文字、调整格式、字体、字高等。

多行文字编辑的优势在于：

（1）所有文字是一个整体。

（2）中文、英文、数字同高。

（3）文字区域占位形状、面积比例随时可调。

视频详解：多行文字编辑应用及示例

（五）尺寸

1. 标注原则

（1）轴线的作用。

其一是承重结构构件的定位；其二是有效控制误差。

在施工中，先定位轴线，就能将误差控制在两条轴线之间的范围内，比如两个柱子之间一般不超过 10m，否则误差就会积累过大。

既有建筑测绘也是如此。首先尽量测量最长的总尺寸，再按开间或进深均分；或者先测量每个柱子中心间距，再测量细部尺寸。否则从一头开始，一点一点小尺寸测量，累加起来误差就太大了。

（2）轴线号编法。

按照制图标准规定，图纸横向的轴线号为数字 1、2、3……从左至右排序；竖向的轴线号为大写英文字母 A、B、C……从下至上排序；不使用数字 0 和字母 O、I，防止混淆。分轴线可采用 1/3、3.5、1/F、F.2 等表示（图 6-73）。

（3）尺寸与轴线找关系。

有了轴线，尺寸标注时最好都能跟轴线发生关系，以轴线为基准，因为轴线基本不会发生变动。

比如一道承重墙，定位轴线居中，标注墙厚的时候就要以轴线为分界，分别标注两个一半的墙厚，而不是标注一个完整墙厚。

（4）尺寸交圈。

尺寸交圈的意思是说下一道尺寸是上一道之和。比如平面中外墙的三道尺寸：

视频详解：尺寸与轴线关系、交圈及示例

窗洞口、轴线、总长度，窗洞口＋窗两边到轴线尺寸＝上一道轴线尺寸。

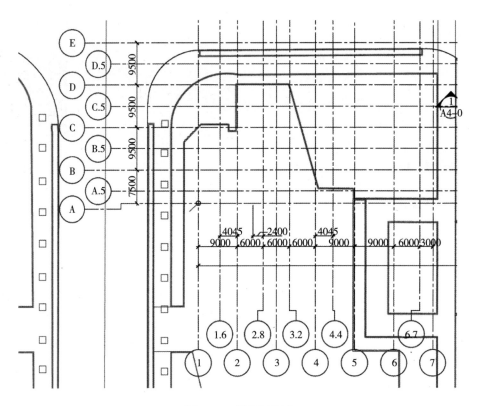

图 6-73　轴线号编法

2. 尺寸样式设定

（1）字体、箭头、尺寸线等按 1∶1 设置（图 6-74~ 图 6-76）。

尺寸样式的设定有个技巧：无论什么比例的尺寸标注都可以设定为图纸上的实际大小（mm），然后在 AutoCAD 的标注样式中根据出图比例调整比例因子。这样就能以不变应万变，生成一系列适用于不同比例的尺寸标注样式，不必每次都根据出图比例换算，省时、省力，还可以避免错误。

不同比例标注可设置成单独的一种样式，比如用样式名称为 20、50、100 等表示适用于 1∶20、1∶50 和 1∶100 比例图纸的尺寸标注。

尺寸样式（包括字体、箭头、尺寸线等）最好设定为图纸上的实际大小（mm），然后在 AutoCAD 的标注样式中根据出图比例调整比例因子，即可生成一系列适用于不同比例的尺寸标注样式。

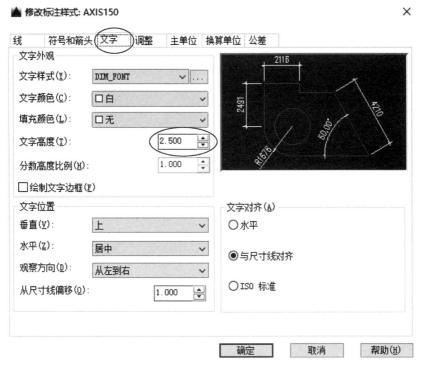

图 6-74 字体设置

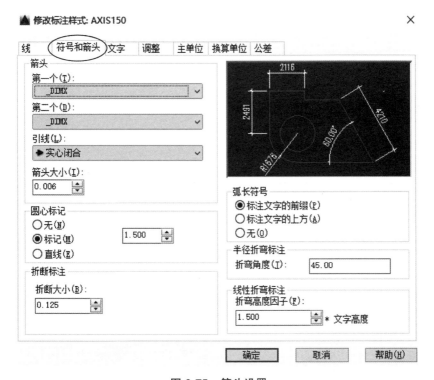

图 6-75 箭头设置

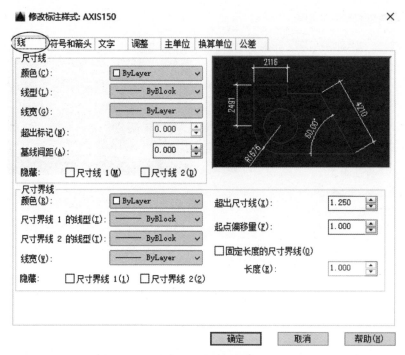

图 6-76　尺寸线设置

（2）通过调整"全局比例"（出图比例）改变不同比例大小（图 6-77）。

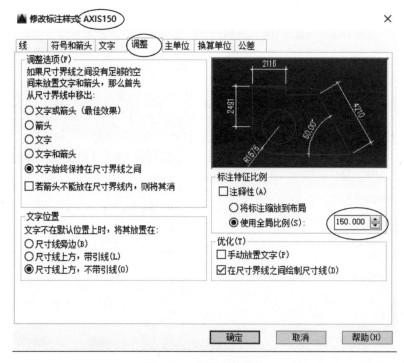

图 6-77　全局比例设置

3. 尺寸精度设置（图 6-78）

尺寸精度是根据制图标准确定的，不会随比例而改变，只需要设置一次，适用于所有样式。

视频详解：尺寸字体设置及示例

图 6-78　尺寸精度设置

（六）索引、符号与图例

1. 索引标注原则

索引标注原则是全面而不重复：所有文本、图纸应共同反映一个工程设计的全部信息，因此有详图的，平、立、剖面图只需要索引，不必再标尺寸。

平面图索引示例如图 6-79 所示。

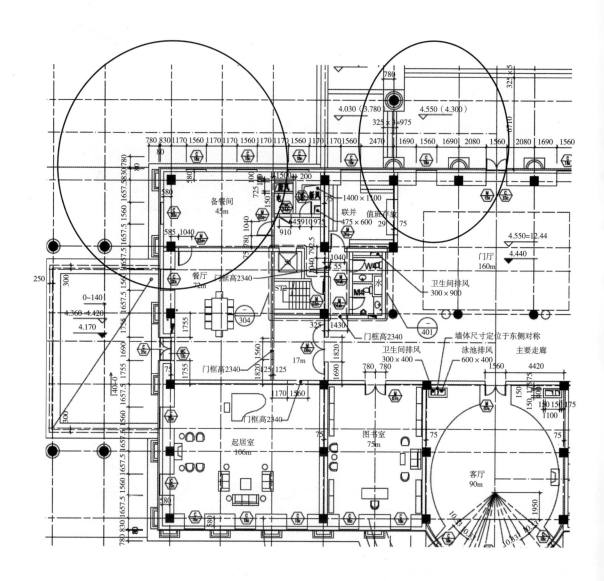

图 6-79　平面图索引示例

外墙墙身详图大样索引应标注在立面上（图6-80）。

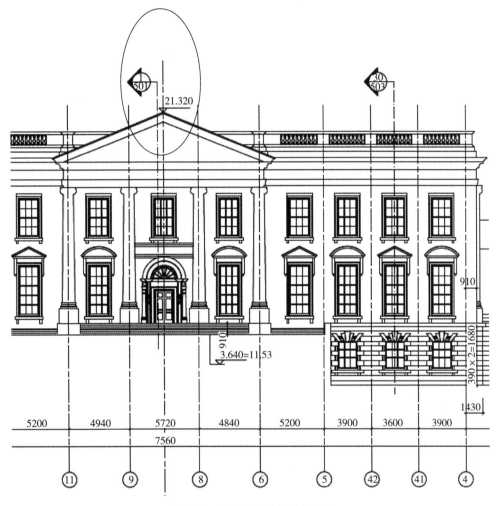

图6-80 立面上的外墙详图索引

2. 符号与图例

除了制图标准上的一些通用符号与图例，随着工程项目的多样化、复杂化，完全可以自己发明适用于某项工程特殊的图例，只要附加说明，使阅图人能看懂即可。比如屋面坡度的表达、建筑与结构标高同时表示、门窗号的编法等（图 6-81）。

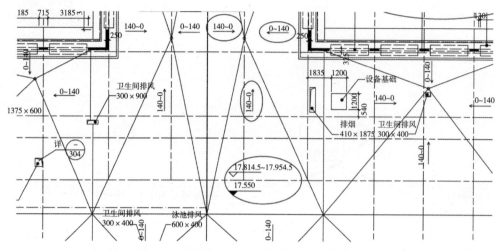

图 6-81　屋面排水坡度与标高标注示例

二、出图打印

（一）纸质图的优势

1. 计算机劣势

计算机绘图的效率大大超越手绘，且修改快捷是相对于手绘图最大的优势，但同时也必然有其劣势——屏幕分辨率无法查看全图，因此对图、审图就很难在计算机上完成，必须打印纸质图。

2. 审图、对图必须用纸质图

校对、审定、专业间互校、会签时必须统观全图，而且需要多张图同时查阅，还需要用笔随时做出标记，这时只有纸质图才能胜任。

3. 有形的工作量

如果把现今如此频繁修改的工程设计状况搬到手绘图时代是无法想象的，一张图可能永远都画不完，因为修改的速度和画图的速度根本不是一个数量级。为什么？因为修改工作量肉眼可见。计算机绘图就不同，"修改太容易"是把双刃剑——

一方面提高效率，但另一方面修改变得无痕，甲方无法感知修改量，就会认为修改没有工作量、不值钱，当然也不用付费。

我父亲在做顾问为业主或设计院优化方案时，每次交付任务都会用自己家里的打印机、打印纸，把方案打印出一本 A3 图册，而且是彩色打印，图面非常清晰。交给对方时，对方还没仔细看内容，随手一翻就感觉"寿总肯定下了大功夫，加班加点，提出的建议特别有价值"。

这在心理学上称为"无形产品需要有形展示"。脑力工作是无形的，如何体现其价值？必须通过"有形"展示，纸质图就是有形的，而且是画面，比例大，纸面就大，不但看起来清晰，更能作用于潜意识，形成"工作量大"的印象。这不是心机，而是科学，劳动付出理应得到相应回报，前提是劳动者懂得正确表达，并使甲方认可。

（二）打印必须有比例

1. 没有比例的图纸无意义，无法比较

99% 的设计人员（包括各专业）打图都习惯不设置比例，这是非常不好的习惯，没有比例的图纸无意义，无法度量尺寸，也无法比较尺寸。

2. 有比例的图纸对图时可直接测量

有比例的图纸对图时可直接测量，方便讨论和专业协商。但需要注意，施工时如果发现图纸上缺少尺寸标注，是不允许直接量取图纸的，必须与设计单位协商，由设计单位出设计变更，添加尺寸才能作为施工的依据。

3. 杜绝不良习惯

（1）不允许缩放尺寸。

如果用模型空间出图，无法解决不同比例图纸放在一张图纸的问题，比如楼梯详图，既有 1∶50 的平面、剖面，也有局部扶手、踏步 1∶5、1∶10 的节点，就只能迁就一个比例，比如剖面，而把节点图缩小，这时尺寸标注的数字就不是真实度量的尺寸了，只能人工换算重新手动输入，如果节点修改，尺寸无法自动跟随尺寸界限线的变动自动变更，将来如果多次修改就搞不清楚哪个数字是正确的了。纸空间的出图方式则可有效避免缩放尺寸（详见下文）。

（2）不允许只改尺寸数字。

有时出图时间非常紧迫，着急去晒图，发现小错误来不及重新打印，只能临时在硫酸图上手工修改尺寸数字。这就是为什么施工单位不能直接量取图纸，数字和真实度量尺寸不一致，这种操作风险很大，万不得已使用必须事后立即修改电子版，否则将给后期造成很大隐患，很可能时间长了制图人自己都忘了，尤其是设计人变动时，更是搞不清楚哪个是对的。

> 打印必须有比例；不允许缩放尺寸；不允许只修改尺寸数字。

（三）纸空间出图

1. 20 多年来很多人知道，很少人使用

纸空间出图还是我在大四实习参与中国银行总部大厦项目时学会的，但 20 多年过去了，非常遗憾，我还在普及这个"高级应用"。原因在于国内的外挂软件普及率太高，而建筑师又没有吃透 AutoCAD 本身的精髓，大多数建筑师开始学习计算机绘图就直接用的外挂软件；而且外挂软件更多的功能是满足住宅设计，大多数单位正好也以房地产项目为主，于是就形成了这种局面。

2. 模型空间与纸空间的关系

（1）纸空间与模型空间：透过窗口看风景。

打个比方，纸空间好比室内，模型空间则好像是窗外的风景。在纸空间里可以通过开"窗口"（VIEW）看到模型空间的元素。窗口就是图框。

（2）两空间里的元素各自独立。

模型空间和纸空间里的元素各自独立。通常我们会把图纸内容放在模型空间，而把图框及图形以外的说明、图例、图签等内容放在纸空间。放在纸空间的元素不需要设置比例，都是按照实际图纸中的大小 1：1 设置的。

（3）纸空间可以通过开"窗口"看到模型空间，但模型空间看不到纸空间。

"凿户牖以为室"——我们可以在外墙面开窗口，看到室外的风景，但室外无法看到外墙室内一面的颜色和装饰。同样，我们在模型空间只能看到图形元素，看不到图框，但在纸空间可以既看到图框，又通过在图框范围内开窗口，看到模型空间任意局部或全部图形，通过开多个窗口，

视频详解：纸空间与
模型空间的关系

看到多个局部图形。

3. 纸空间出图的优势

（1）可对不同窗口单独控制其模型空间的状态，如比例、层管理、坐标、视图方向等。

（2）一张图纸可放置不同比例的图，不必缩放尺寸。

可以通过单独控制窗口比例，实现一张图纸放置多种比例的图，模型空间都是真实尺寸，无须缩放。

（3）可以显示模型空间的部分内容。

通过控制窗口大小调整显示范围，将不需要显示的内容隐去，而无须删除。

模型空间只有一个，而纸空间可以有无数个。因此可以把一个工程的平、立、剖面都放在模型空间，但在每个纸空间只显示一张图，通过设置多"张"纸空间，放置模型空间其中一层平面、一个立面、一个剖面……

视频详解：纸空间出图的优势及应用实例

（4）图签 1∶1，打印 1∶1。

（5）纸空间的元素都是实际大小。

4. 纸空间是 AutoCAD 本身具有的强大功能

纸空间其实可以看成是"层"概念的高级应用，是 AutoCAD 本身就具有的强大功能和精髓之一。

5. 操作步骤

（1）纸空间插图签：图签比例 1∶1。

（2）纸空间开窗口：MV。

（3）将窗口放在 DEFPOINT 层，打印时可自动隐去。

（4）切换纸空间与窗口中的模型空间命令：MS/PS。

（5）窗口中设置比例：ZOOM → 1/…xp，比如 1∶100，就是 1∶100xp。

（6）窗口中设置层状态、方向、视图等。

视频详解：纸空间出图实操步骤演示

（7）回到纸空间：PS。

（8）纸空间中调整窗口大小，截取要显示的部分。

（9）纸空间中调整不同窗口位置，进行排版。

（10）纸空间写图名、必要说明文字等。

三、计算机绘图误区

（一）计算机如何"辅助"设计

1. 减少重复工作量

计算机绘图最大的作用就是减少大量重复工作量，主要是反复的修改。

当下人工智能的话题被广泛热议，很多人都会产生"设计是否会被人工智能取代？"的疑问。据笔者了解，人工智能领域人士目前的共识是无法取代。原因是工程设计创作非常复杂，每个项目都是个案，很难形成"大数据"供人工智能学习。

2. 计算机优势

前文提到计算机制图的劣势是屏幕分辨率无法查看全图，相对而言，其优势是可以无限放大。利用这个优势，我们就能提前研究细部构造，比如画剖面时，就可以同时设计墙身。因为计算机上没有比例限制，细部可以无限放大，所以可以在剖面上研究墙身很细小的尺寸，提前进行专业配合沟通，确保交圈。而等到真正出详图的时候，就只剩下制图的工作量了。

3. 为什么图板时代没有"画图狗"

在图板时代，需要先量好尺寸再下笔画线，每一笔的尺寸都是经过人脑的。而计算机上不受比例限制，画一根线放大就变长，缩小就变短，除非用度量命令量取，眼睛是看不出来尺寸的。所以就造成制图人的手脑分离——不知道自己画出来的图是什么尺寸，不懂设计也能用计算机制图。这不就是"画图机器狗"吗？

（二）计算机绘图不等于不用脑

1. 镜头后面的"头"与计算机（电脑）前面的"脑"

喜欢摄影的朋友应该都听过一句话："镜头后面的'头'才是最重要的"。意思是说装备只是工具，懂得如何运用工具才能创作出好作品。同理，计算机和笔一样，都是制图工具，工具在不同人手里产生的结果可以天差地别。所以，设计不动脑、不用心，拥有再好的工具、软件，再熟练也出不了好作品。

2. 软件自带的≠正确的

外挂软件有许多自带的图块，比如马桶、手盆、沙发、门、轴线号等，可以直接插入图中，而完全不需要知道尺寸，时间长了制图人就会默认软件中的内容必然是正确的，便不再动脑子了。但我发现，外挂软件中的一些图块，比如一些洁具，简单几条线还不在同一个层中，有时需要把洁具层关闭，块中的所有线条一次都关不完。这说明软件研发者对设计制图过程不够熟悉，而且从对源软件强大出图功能认知上的严重不足也说明了其开发态度不够认真严谨。因此笔者建议读者以审视的态度谨慎使用外挂软件。

3. 建筑师用图纸说话

正如艺术家用诗画、音乐、肢体舞蹈表达思想一样，建筑师用图纸说话，我们应该非常清楚图纸上每一根线的意义，所以不能随便下笔。评价图纸质量的标准，要看阅图人是否能完全正确领会图中要表达的全部信息，如果看不懂、领会错误或缺漏，都说明制图有问题。

4. 计算机绘图也有"个性"

虽然都是计算机制图，但每个人打印出的成果仍然千差万别，优劣一目了然。且不说内容正确与否，仅从图面上的线型、线宽、字体、图例填充、尺寸标注、排版上就能分辨出制图者是否用心思考过。有的图面线型与出图比例不符、线宽只有一种粗细、字体过大或过小、文字尺寸标注与图面重叠混成一团、版面疏密不均；而有的图面线型比例适中、粗细线型区分明确、字体大小和标注尺寸与图面非常和谐，排版布局也均匀有致。字如其人，"图如其人"真是不假。

一次我在做一个装修咨询的时候，发现客户拿出来的户型图很眼熟，而且户型设计也非常好。我跟她说，这个户型布局没问题，估计是我父亲修改优化过的，她很惊讶我是怎么看出来的。我告诉她其中一个原因就是开发商直接用我父亲的优化图做了楼书，卫生间风道的图块只有我父亲这么画……

（三）提倡自己做图块

图块毕竟是整体图面的一个小小的局部而已，比如平面中的门，有些外挂软件把一个门块画得过于详细，包括把手、门框等，导致线条过密，插入1∶100的平面中就黑成一团。这就是软件开发者不会设计，仅从局部出发的思维结果。所以自己做图块就能够掌握好图块的繁简程度，示意即可。

笔者从开始学习计算机制图就开始自己制作图块，包括家具、洁具、电器、门、汽车、植物、体育场地等，一边做新的项目，一边加入新的图块，久而久之就积累了很多素材。随着数量和种类越来越多，数据库越来越完善，调用起来就越来越快捷。我经手的图纸和外挂软件出的图一眼就能看出区别。以下是笔者的计算机中专门为自制图块建的文件夹（图6-82）。

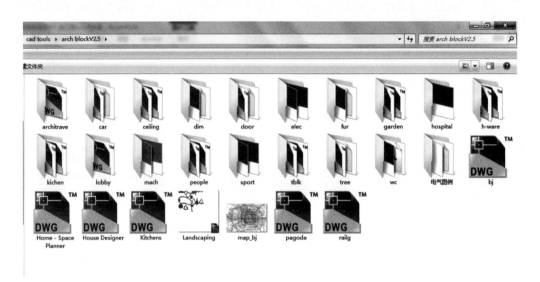

图 6-82　笔者自制图块文件夹

（四）设计之前先画好图

图纸是建筑师的语言，也是脸面，画好图是学好设计的基本功之一，应达到以下标准：

（1）画对：设计合理。

（2）画好：布局优美、区别线型线宽、字体恰当大小适中、尺寸清晰交圈。

（3）画快：掌握一定制图技巧。

小　结

（1）关于制图标准：统一图幅；规定比例；线型、字体以能分辨为标准；尺寸标注要交圈。

（2）出图打印：打印必须有比例，充分利用"纸空间"出图的强大优势，事半功倍。

（3）计算机绘图误区：计算机绘图更要动脑，让计算机成为工具，而不是变成计算机的奴隶，应努力将图画对、画好、画快。

作业

1. 用"纸空间"将楼梯间详图和卫生间详图进行排版，选择适合大小的纸张，每个纸空间标签放一张图。

2. 将经过"纸空间"排版的楼梯与卫生间详图打印成 PDF 文件（黑白），特别注意设置正确的比例，字体大小、线型、线宽、图名、图例等应与比例相协调，并符合相关制图标准。

第七章 施工图平、立、剖面
深化设计与案例

从方案设计阶段我们就开始画平、立、剖面图，所以对实习生来说并不陌生。但方案阶段深度比较浅，主要目的是表达建筑设计的理念，到了施工图阶段，要继续深化，主要是增加技术设计。一方面给结构、设备、电气等专业的设计提供前提条件；另一方面，要根据这些专业的设计、计算结果对我们原先的假设做出修正。最后的成果在图面表达上也必须精准，尺寸、索引、说明、图表不仅要彼此交圈、和详图交圈，还要和专业交圈。

第一节 平、立、剖面深化案例：从方案到施工图

一、方案介绍

本案例是一栋 4000m² 的官邸式高级住宅，位于天津武清的天狮集团产业园内，是整个园区中三栋专家公寓之一。从任务书到施工图都是我亲自完成的，还尝试了模数设计的方法。虽然最后没有实施，但设计过程中自主成分很高，方案业主很满意，所以修改不多，整个过程比较连贯。

本工程虽然是住宅，但由于面积大，就自然带有了公共建筑的属性，比一般住宅功能更复杂，很适合作为案例。

（一）项目及工程概况

该产业园位于天津武清开发区内，园区北邻京津塘高速公路，建设用地东西长约 950m，南北长约 620m，总用地面积 478600m²。产业园是集团按现代化、国际化

标准建设的一个集行政办公、科研、生产、物流、培训、康复、酒店公寓为一体的综合园区（图 7-1）。

园区鸟瞰图

图 7-1　产业园规划鸟瞰图

小会议 3 号楼是园区三栋专家公寓之一，位于园区北侧，国际生命研究中心的东北面，东面是员工宿舍及研发所，西面与办公接待 2 号楼毗邻，是三栋专家公寓中面积最大、功能最全的公寓，计划总建筑面积约 $4000m^2$。我将其定位为"官邸式豪华旅馆"，根据业主点名要求，造型为美式新古典主义风格。

（二）方案设计

1. 方案指标

该工程没有任务书，业主只提出了"新古典造型"和"总建筑面积 $4000m^2$"两个要求，任务书是我提出的（详见下文）。

2. 我对该建筑的定性

"官邸式、豪华、旅馆"是我对该建筑的定性。明确定性，才能提出与之相匹配的功能内容。上述三个关键词明确了该建筑是具有公共建筑属性的高等级豪华居住建筑。

3. 我提出的任务书

主要功能包括公共活动、客房、娱乐、后勤几个部分。

主要指标如下：

（1）总建筑面积：4767m^2。

（2）建筑高度：20.15m。

（3）建筑层数：3层。

（4）客房数：4套，全部为套房。

视频详解：方案指标与任务书设计

4. 总平面及平面功能（图7-2~图7-5）

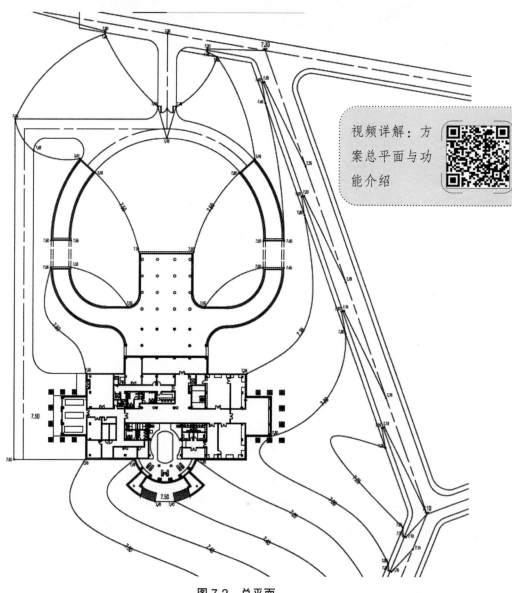

视频详解：方案总平面与功能介绍

图7-2　总平面

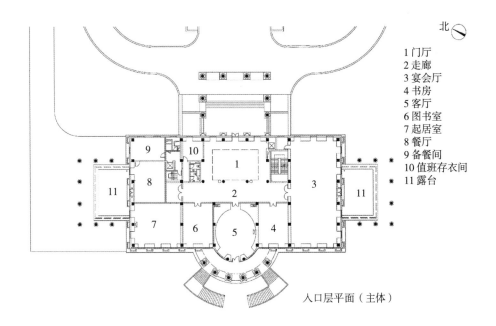

北

1 门厅
2 走廊
3 宴会厅
4 书房
5 客厅
6 图书室
7 起居室
8 餐厅
9 备餐间
10 值班存衣间
11 露台

入口层平面（主体）

图 7-3　入口层平面

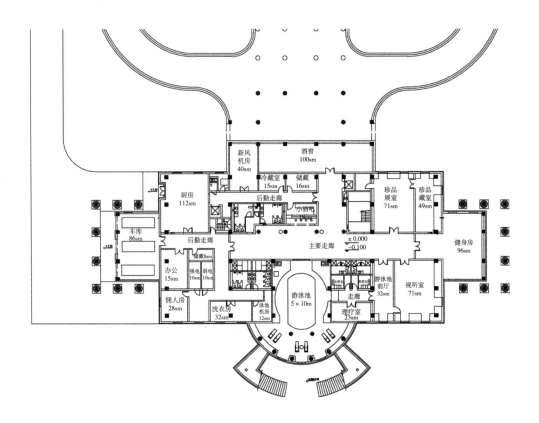

图 7-4　底层平面

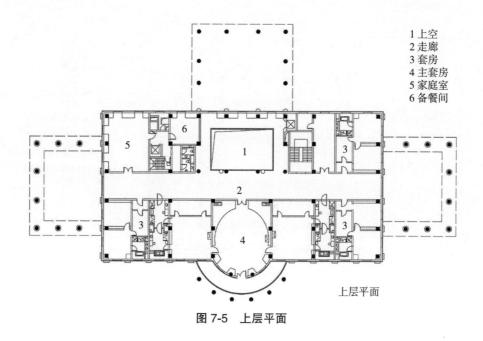

1 上空
2 走廊
3 套房
4 主套房
5 家庭室
6 备餐间

上层平面

图 7-5　上层平面

二、施工图之平面图

（一）平面的重要性

各层平面图是施工图，乃至整体建筑设计中信息量、修改量最多的图纸，非常重要（图 7-6）。

1. 反映建筑功能布局和建筑工程量

进入施工图阶段，建筑平面除反映功能布局外，还要深化尺寸、统计门窗，提供施工预算需要的本专业工程量。

2. 其他专业的底图

除结构专业外，机电各专业都要在建筑布局的基础上进行技术设计，因此建筑平面就是他们工作的底图。建筑平面的改动将导致其他专业的一系列调整。

3. 反映专业配合结果

各专业在建筑平面上添加了技术设计内容之后，建筑专业还要根据专业条件对原先的假设进行局部微调，才是可供施工深度的平面图。

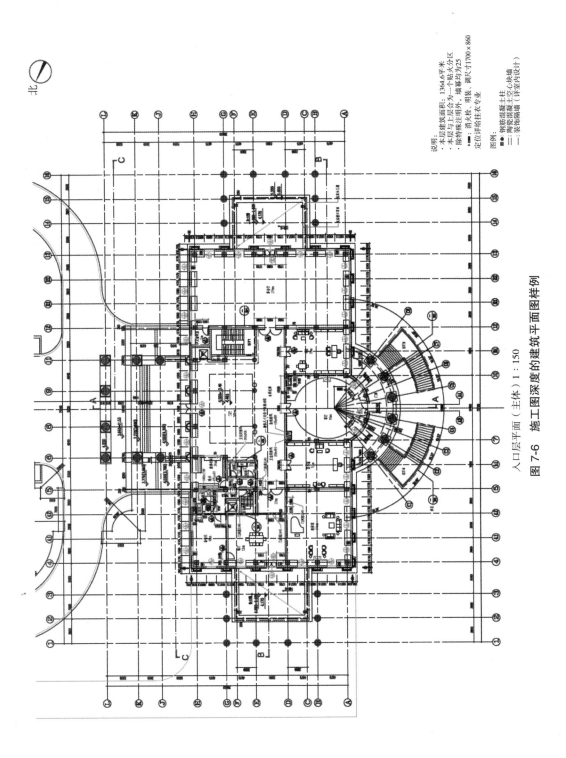

说明：
· 本层建筑面积：1364.6平米
· 本层与上层合并为一个贴火分区
· 除特殊注明外，墙裙均为25
· 消火栓：明装，调尺寸1700×860
定位详给挂衣衣专业

图例：
■■：钢筋混凝土柱
□□：陶瓷混凝土空心块墙
——：装饰隔墙（详室内设计）

入口层平面（主体）1：150

图 7-6　施工图图深度的建筑平面图样例

（二）标注内容

1. 尺寸标注

（1）轴线（定位承重墙、柱）、轴线号。

视频详解：施工图之平面图——平面图的重要性

（2）剖切位置（每层）。

（3）非承重墙厚度。

（4）室外及楼层标高。

（5）外墙三道尺寸：总尺寸、轴线尺寸、外墙洞口尺寸。

视频详解：施工图之平面图——平面图的尺寸标注

（6）细部尺寸。内圈细部尺寸包括内门窗洞口定位、井道开洞等。

2. 房间名称、编号、面积

3. 门窗编号、本层门窗表

4. 电梯、扶梯、楼梯、坡道、卫生间等编号及详图索引

5. 家具、洁具、车位等布置——说明房间功能

6. 指北针、必要图例及说明、图名、比例

视频详解：施工图之平面图——平面图的其他标注内容

7. 与专业配合相关的内容

其包括变形缝、消火栓、散热器、弱电箱等。

（三）入口层与其他楼层平面

首层（入口层）平面和其他楼层的主要区别在于要表示室外环境和室内外的衔接内容，相当于放大比例的总平面，只是显示内容要少一些，主要是外墙周圈衔接部分。

楼层平面相对于入口层，标注的内容要少一些，需要注意的是上下相邻楼层可见线与虚线的用法。

1. 可用虚线表示"上一个"楼层开洞或挑出结构

虚线是用来表示不可见的内容，既然不可见，就只需要表示相邻上一个楼层与本层关系即可，多画既没有意义，又容易造成混乱。

2. 看线只画"下一个"楼层的

假设有逐层退台设计，五层平面不需要把下面四层每一层的轮廓线都画出来，只表示四层即可。

（四）屋顶平面（图7-7）

屋顶平面与楼层平面内容不同，标高变化比较复杂，相应有一些特殊的标注，包括：

（1）标高（建筑、结构）。

（2）排水坡度、分水线、雨水管、雨水口。

（3）出屋面管道、楼梯间、电梯机房等。

（4）天沟、女儿墙、檐口等。

（5）必要的节点详图。其包括出屋面风道、透气管，擦窗机轨道、设备基础做法等。

视频详解：施工图之平面图——屋顶平面及标注内容

三、施工图之立面图

（一）比例

一般立面的比例应与平面相同，有时受到图幅限制也可能比平面略小，最终以尺寸标识清楚为准。

（二）标注内容（图7-8）

（1）轴线号、轴线尺寸。

（2）竖向三道尺寸：从外到内为总高度、层高、窗台与窗高。

（3）关键标高。其包括室外、正负零、层高、屋面、屋顶机房、女儿墙、檐口、高低错落处等。

（4）墙身详图索引。

（5）立面外墙饰面分格。

（6）材料及必要说明。

（7）图名、比例。

视频详解：施工图之立面图——立面图及标注内容

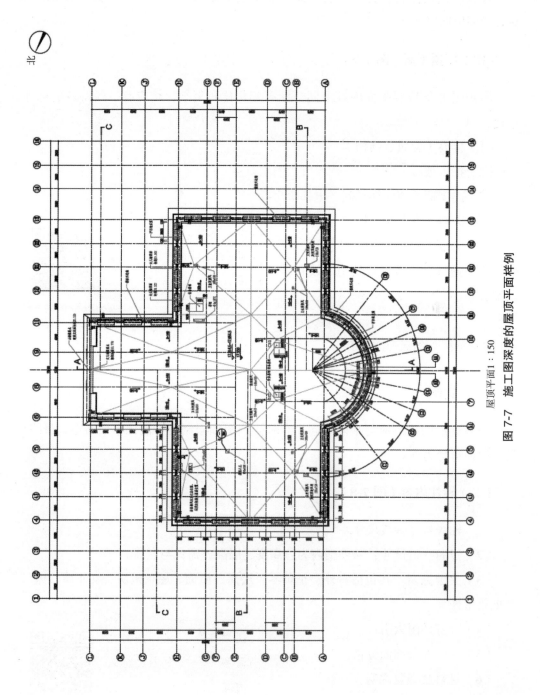

屋顶平面1：150

图 7-7 施工图深度的屋顶平面样例

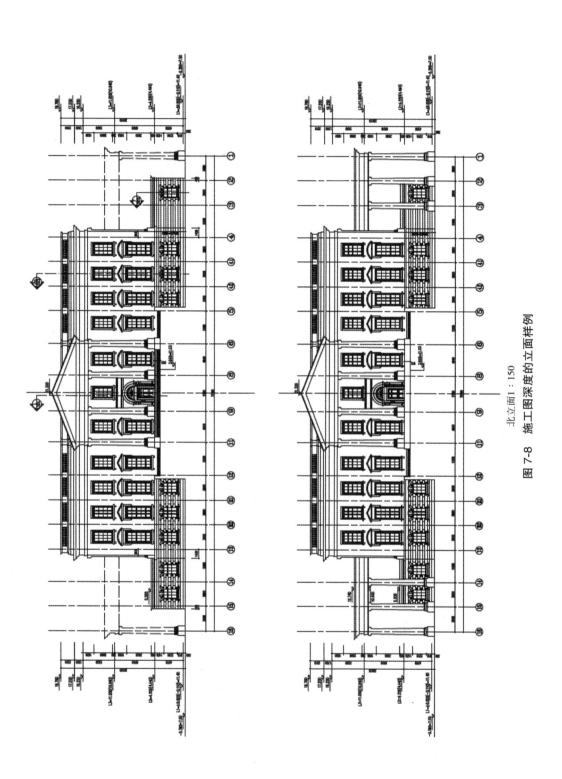

北立面 1：150

图 7-8　施工图深度的立面样例

（三）内立面、剖立面、展开立面

对于总平面布局是围合院落形式，或有室内共享空间的建筑，除了外围一圈的立面图，还需要表示内庭（院）的立面，这时需要通过剖立面来表示，即通过剖面展示内立面，剖面、立面合二为一了。

对于弧形外墙，正面投影无法标注真实的横向尺寸，这时需要想象将外墙的弧线"拉直"展开，立面横向长度为弧长的真实长度，才能反映实际尺寸。

视频详解：施工图之立面图——剖立面实例

四、施工图之剖面图

（一）比例

剖面与立面类似，比例应与平面相同，有时受到图幅限制也可能比平面略小，最终以尺寸标识清楚为准。

（二）标注内容（图7-9）

（1）轴线号、轴线尺寸。

（2）竖向三道尺寸：从外到内为总高度、层高、窗台与窗高。

（3）关键标高（建筑、结构）。其包括室外、正负零、层高、屋面、屋顶机房、女儿墙、檐口、高低错落处等。

（4）节点索引。

（5）内部结构构件：基础、梁、板、柱、隔墙、屋架、屋面等。

视频详解：施工图之剖面图——剖面图及标注内容

（6）室内可见门窗、洞口、栏杆、楼梯等；室内外可见台阶、坡道等。

（7）室内房间名称。

（8）必要说明。

（9）图名、比例。

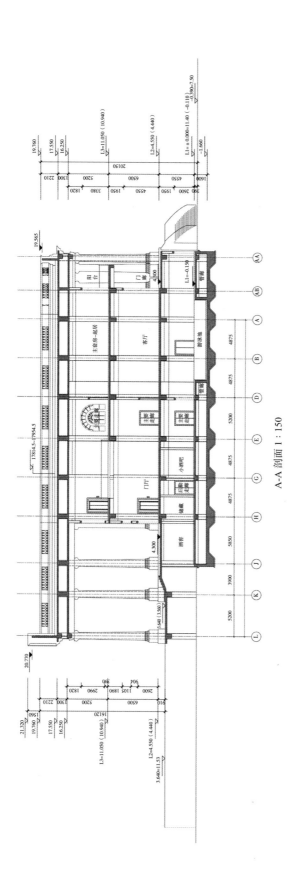

A-A 剖面 1 : 150

图 7-9　施工图图深度的剖面样例

·· **小 结** ··

熟练掌握平、立、剖面施工图深度要求。

作业

完成一套独立住宅、别墅或其他小型公建的平、立、剖面施工图，按照制图标准设置正确比例、线型、字体大小等，并用纸空间 1：1 打印出来。

第二节　平、立、剖面施工图常见制图错误

前面章节我们已经讲了制图标准，这些标准的制定目的是为了通用性，无论哪个设计单位画出来的图，所有相关人员都能看清楚、看明白。而且，各国的制图标准是基本相同的，除了文字，不会出现各国图纸互相看不懂的情况。所以，遵守制图标准，就是尊重所有设计建造的参与者。

近些年，我发现施工图的平、立、剖面图的制图上存在很多普遍错误，有一种非常不好的倾向——"偷工减料"，能少画一笔就少画一笔，对待自己的签名非常不严谨，不得不说，这是导致工程质量差的一个重要原因。对于刚上班的实习生而言，可能很少能见到真正规范的制图，会认为"存在即合理"，所以在这里我要特别强调：以下案例都是错误的，切勿模仿！希望每个实习生从上班第一天起就记住：尊重自己和自己的签名，对图纸认真负责，才能赢得甲方与合作者的尊重。

一、平面常见错误

平面图是建筑施工图中信息量、修改量最大的，因为建筑功能和专业配合的技术设计内容都要反映在平面上，修改多会导致出错概率大幅上升，规范制图、良好的制图习惯能有效降低出错概率，同时提高图纸质量并节约大量时间成本。

（一）比例任意缩放

1. 标注尺寸的平面不能小于1∶150

熟练掌握制图标准是每个建筑师的基本功，除了熟记"标注尺寸的平面不能小于1∶150"的规定外，还要特别强调比例规定的由来——为了保证人眼能够分辨图文信息。那么为什么我有一位工作5年的前同事会画出1∶250的平面图呢？他的理由简单粗暴——图纸放不下！

图纸放不下完整平面就缩小制图比例是非常错误的。

2. 画不下怎么办？

几万平方米的单体就要缩小比例，那几十万的怎么办？当然有办法，否则那么

多超级大工程是怎么完成的？

（1）大型平面应切块分区。

一张图纸画不下就应切块分区绘制。

（2）完整平面可采用1∶200~1∶400。

完整平面的目的是展示一个楼层完整的全貌，包括总尺寸、总面积、主要功能等，明确各分区的衔接关系。可采用1∶200~1∶400的比例，以至少能绘制在一张0号图纸上为准。由于比例小，文字相对就会显得很大，故只标注总体尺寸、最主要的功能信息及说明。

（3）完整平面应有清晰的分区索引及标识。

分区索引是完整平面一个主要功用，因此切块位置和分区索引一定要标识清楚。

另外，防火分区也需要以完整平面呈现。

（4）分区平面是常规比例。

切块分区就是为了以标准比例进行标注，因此分区平面比例不能小于1∶150。

视频详解：大型平面切块分区制图实例

（二）首层（入口层）未表达场地环境

当前首层（入口层）平面图非常普遍的错误是只有建筑，没有室外场地环境。

首层（入口层）是室内外衔接之处，因此这一层的平面应将衔接处的设计清晰地表达出来。其包括部分红线、建筑控制线、出入口、台阶、坡道、车道、人行道、窗井、通风口、景观等，应详细标注室内外的标高、高差、坡度等信息，以检验设计是否合理、合法。

首层（入口层）平面和总平面关于场地部分的内容应该是一样的，只是比例更大，所以只能截取靠近外墙周圈的内容。

视频详解：入口层平面案例

（三）屋顶平面无建筑面标高

前文讲过屋面排水坡度笼统标为"2%"的错误十分普遍，其实还有一个连带问题，就是作为初学者几乎无法在任何设计院找到带有建筑完成面标高的屋顶平面图，而只会在图纸上看到结构板面标高和"2%"的坡度，这样就很容易被误导，问题非常严重。

建筑标高建筑师都不标，谁来定呢？为什么建筑师会回避屋面的建筑标高（这里主要是指平屋面）？因为屋面要排水，所以是有坡度的，因此建筑标高是变化的，需要根据坡度和长度计算。计算本身并不难，麻烦在于屋面每个排水分区的雨水口不需要结构预留，位置定位就不精确，导致每个分区从排水口到边界的距离都不同，不是计算一次就能复制。

那么有没有快捷的方法可以计算建筑标高呢？当然有！

根据屋面坡度表示方法——高差法（最低点和最高点的坡度可用 0~140mm 的高差表示）得知，为保证每个排水分区的高点标高能够交圈，每个分区的排水坡度可以不一致，这样全屋面的建筑标高就统一了，虽然是变化的，但只需要确定最低和最高两个点，一个是雨水口处的最低点，一个是找坡的最高点（图 7-10）。

视频详解：屋顶平面建筑标高标注案例

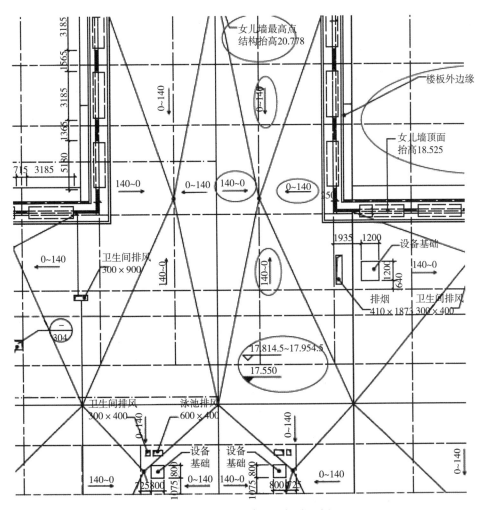

图 7-10 屋面标高正确标注示例

（四）防火分区表示方法

当下流行的防火分区表示方法，是将防火分区的线框单独放在平面图以外，且没有比例。对于不熟悉设计的阅图人，这种做法无论是检查、校对、审核都极为不便，很难在平面中找出对应的分界线，去审核防火墙、防火门或卷帘、疏散楼梯设置等。其实自查也同样不便，之所以此做法流行，可能是大多数建筑师都不自查吧。

防火分区图不是为了例行公事，而是为了方便检查、审核。如果换位思考，制图是表达设计，图纸是给审阅、施工方看的，那么表达怎样方便核查呢？当然是在平面上直接划分。

视频详解：防火分区表示方法

二、立面常见错误

（一）美观问题

立面图的美观问题主要是没有线宽区分。

由于施工图是二维的，立面无法表达进深的尺度。但画图其实和绘画、摄影原理相同——如何让画面显得立体？那就是形成前后虚实对比，这样就能产生进深感。工程图只有线条，如何区分前后关系呢？可以通过线宽的粗细，强调前后的分界。这样整体看起来就显得美观（图 7-11）。

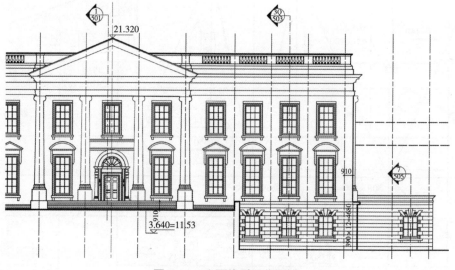

图 7-11　立面线型区分示例

区分线宽粗细是在学校应掌握的制图基本功，这里就不再赘述了。

（二）省略大部分轴线

立面图的轴线只有两端的两根，中间全部省略。不知道从何时起，这种错误和坏习惯普遍存在，请读者务必记住：

> 偷懒省掉的是你自己的"钱"途、建筑师的权威和单位的信誉。

轴线起着定位的作用，平、立、剖面应该是对应的，阅图人不会认为缺少中段大部分轴线是省略的画法，而会认为这些轴线不存在。轴线数目对不上就是不交圈，这样的图是不合格的，不应该发出去。

而且，如果立面上缺少大部分轴线，核对平面和立面，尤其是门窗时就无法快速定位，给自查和校对、会签都带来很大麻烦，不交圈的风险大幅上升。

三、剖面常见错误

（一）剖切位置回避复杂部位

1. 剖面的作用是反映竖向空间关系

我们经常赞美一个建筑设计"空间丰富"，其实就是高差多。不过相应地，方案落地过程中形体越复杂，需要画的剖面就越多（图7-12）。

2. 剖切位置要反映高差变化

前面章节介绍过，剖面的剖切位置选取非常重要和讲究，什么是必要的剖切位置呢？——高差变化较大处。很多建筑师常常为了逃避困难，专挑没有高差变化的地方剖，这是剖面最大的错误。

图7-12　美国洛杉矶的迪士尼音乐厅复杂的形体

回避终究不是办法，少画一笔、少剖一个位置，许多需要考虑的结构、构造问题就反映不出来，施工图中表达不

视频详解：剖面图常见错误

清楚，到了专业配合或施工现场总是会暴露出来。再次强调：

> 偷懒省掉的是你自己的"钱"途、建筑师的权威和单位的信誉。

高差变化较大处包括地形、室内外、屋面、错层、共享空间、楼梯等。

（二）缺少屋顶建筑面标高

与平面问题类似，剖面中涉及屋面标高时，几乎也是见不到建筑标高的，而只有结构标高。

如果明白了平面中的表示方法，剖面也是同理，如图 7-13 所示。

（三）省略大部分轴线

此问题与立面相似，不再赘述。

四、平、立、剖面与详图的关系

（一）详图标注原则——全面而不重复

每张施工图都有其必要性和独特性，所有文本、图纸的总和应反映一个工程设计的全部信息。虽然图纸之间难免有些重叠信息，但应尽量减少不必要的重复，因为施工图周期长、修改频率高，非常容易改了这张忘了那张，徒增工作量还容易出错。所以详图中标注过的信息，平、立、剖面就不需要再重复标注了，只表示索引即可。比如楼梯、卫生间详图，如果平面图的比例标注尺寸没困难，就不需要画详图了，画详图就是因为尺寸标注太拥挤。

（二）外墙墙身详图索引应标在立面上

虽然平面图是信息量最大的，但也不等于包括所有，很多人习惯把外墙详图的索引画在平面上，不知道是图省事还是不明原理。平面即水平剖面，外墙被分割并投影重叠成了一条线，看不到任何直观的立面信息。因此，如果将外墙详图索引标在平面上，不仅得每层平面都标，而且还很难校核详图与立面的对应关系。

外墙详图实际上是剖面外墙部分的放大图，剖面与立面在竖向高度上的尺寸信息是重合的，因此将外墙墙身详图的索引标注在立面上，能够非常容易地核对立面、剖面、详图是否交圈，以及节点设计是否合理。

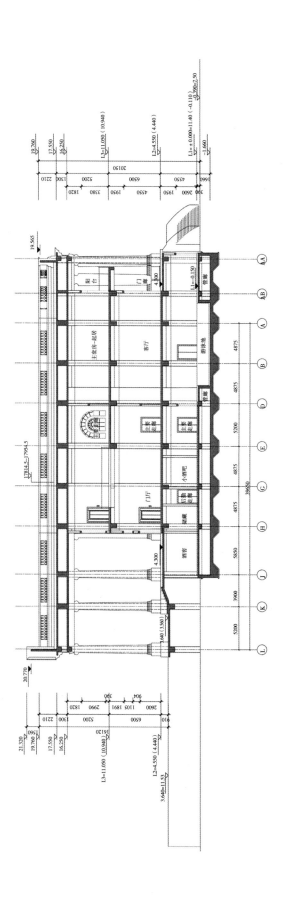

图 7-13 剖面屋面标高表示方法示例

五、平、立、剖面是有机整体

（一）平、立、剖面不可割裂

1. 三维建筑与二维图纸的关系

建筑是三维的，为什么工程设计要表达在二维图纸上呢？理由是二维图纸无变形，可度量。三维图，无论是轴测图还是透视图都是有变形的，而且前后遮挡，也无法标注尺寸文字。

虽然平、立、剖面图是二维的，但却是从不同角度研究同一个空间，我们在大脑中一定要形成三维重建，才能随时检验信息是否彼此交圈。

2. 发挥各自优势

平、立、剖面在从不同角度研究三维空间时有各自的优势和重点，切忌只拿一个平面研究所有问题，毕竟二维图上缺乏一个维度的信息，一定会有所忽略，具体如下：

（1）研究功能——平面。

（2）研究造型——平、立面、透视结合。

（3）研究内部空间、结构支撑——平、剖面结合。

（4）研究竖向构件（楼梯、坡道等）——剖面为主、结合平面。

（二）施工图修改牵一发而动全身

施工图阶段随着建筑平立剖的深化、详图设计、各专业的加入、协调配合，对设计进行全面深化，每个细节都必须确定下来，方可作为施工依据。在此阶段方案性的修改意味着大部分深化工作量作废，因此可能性几乎为零。看到这里想必读者能够逐渐理解我前文所讲的方案可行的重要性。

比如我多次列举过的层高案例：无论实际工程还是考试，很多小型公建都在方案阶段定个 4.5m 的层高，不知道为什么——做机房、大堂高度都不够，医院门诊、办公楼又浪费，而且楼梯占面积又多……如果到了施工图再修改层高，将导致一系列竖向上的变动，牵扯到各专业，包括楼梯、坡道、电梯；立面、剖面；门窗；结构、机电管线等。改，可谓牵一发而动全身，时间、精力成本巨大，谁来买单？不改，可能建筑无法使用！

再比如，前面章节提到过实践中经常遇到施工图阶段发现车位不够，第一反应就是改机械车库。首先，机械车库能增加一倍车位吗？不能，最多也就30%左右。其次，假如时间允许修改，将涉及层高、柱网、坡道、防火分区、楼梯数量、消防设施的一系列变动，是否可行？其实大部分情况的"车位不够"都是方案早期的规划问题，如果到了施工图再想办法，几乎不可能。

小 结

（1）平、立、剖面制图特别应注意平面图比例设置；入口层平面应表示室外环境；屋顶平面、剖面的屋顶标高应标建筑标高；立面应区分线型。

（2）详图标注原则是全面而不重复；有详图的，平立剖只表示索引，不必再标尺寸。

（3）二维图是从不同角度研究同一个三维空间，无论设计或修改，都应始终从整体去考虑问题，平、立、剖相结合。

作业

把上一节的平、立、剖面施工图，按照制图标准设置正确比例、线型、字体大小等，并用纸空间 1：1 打印出来。

第八章　工具书的使用

第一节　设计规范

一、工程建设相关法律与规章

1. 法律与规章的区别

我国的法规体系分为五个层次，只有全国人大及其常委会通过的才是"法律"，平时我们见到大量的"条例""规范""规定""标准"都是国务院、各部委、地方人大、地方行政部门颁布的，都只能称为"规章"。

毫无疑问，法律与规章的效力不同，法律的等级高。法律要经过立法程序来制定颁布，权利义务关系非常明确，并且具有国家强制执行的特性。宪法被称为根本大法，具有最高法律效力，也是制定其他法律最重要的依据。

2. 工程建设相关法律与规章

与工程建设相关的法律有《中华人民共和国建筑法》《中华人民共和国城乡规划法》《中华人民共和国安全生产法》《中华人民共和国招标投标法》《中华人民共和国行政许可法》《中华人民共和国节约能源法》《中华人民共和国环境保护法》《中华人民共和国城市房地产管理法》等，更多的是在以上法律原则下，由国务院、各部委、地方人大和行政部门制定的规章，我们日常的建设与设计活动都要遵循这些法律与规章。

例如《中华人民共和国建筑法》第七条（第二章建筑许可第一节建筑工程施工许可）规定："建筑工程开工前，建设单位应当按照国家有关规定向工程所在地县级以上人民政府建设行政主管部门申请领取施工许可证……"；第十二条（第二节从业资格）规定："从事建筑活动的建筑施工企业、勘察单位、设计单位和工程监理单位，应当具备下列条件：符合国家规定的注册资本；与其从事的建筑活动相适应的具有法定执业资格的专业技术人员；有从事相关建筑活动所应有的技术设备；法律、行政法规规定的其他条件。"

又如 1995 年国务院令 184 号《中华人民共和国注册建筑师条例》施行，1996 年发布《中华人民共和国注册建筑师条例实施细则》，2008 年发布修订版"实施细则"，同时 1996 年版作废。我 2003 年第一次参加一级注册建筑师考试时，按照 1996 年版细则考试科目共 9 门，合格有效期是 5 年，但是 2008 年以后，合格有效期就变为了 8 年。住建部执业资格注册中心发布《全国一级注册建筑师资格考试大纲（2021 版）》后，考试科目由 9 门调整为 6 门，作图科目只剩下"方案作图"一门。

与我们的建筑设计相关的重要规章还包括《建设工程勘察设计管理条例》《建设工程质量管理条例》《建筑工程设计文件编制深度规定》《建设项目环境风险评价技术导则》等。更多与具体设计相关的规范标准，在设计实践过程中会逐步接触到，这里就不一一列举了。

3."强条"与施工图审查是怎么回事?

刚参加工作的实习生可能经常会听到前辈同事说某条规范是"强条""违反强条"在当下施工图设计中是个不小的"事故"，并且也是施工图审查中的重点。什么是"强条"？为什么施工图签字盖章出图后还要由专门的审查机构再审一遍？

前文说过我们建筑设计的规范多属于规章范畴，与法律相比，没有那么强的强制性。自房地产开始爆发后，开发商为了尽快偿还贷款必须尽快售房变现，导致设计周期大大缩短，难以兼顾质量与速度。2000 年，建设部令 81 号公布施行了《实施工程建设强制性标准监督规定》，我们所用的规范中，加粗黑体字部分就是强制性标准，即"强条"，防火规范全文都是加粗黑体字。发布"强条"本意是希望改善工程质量普遍较差，严重影响安全、卫生和环保等方面的情况。

那么，如何保证"强条"的执行呢？2004 年，建设部颁布了 134 号令《房屋建筑和市政基础设施工程施工图设计文件审查管理办法》，由具有施工图审查资格的设计单位或专门机构，一般为大型国有设计院对其他设计单位的施工图进行二次"外审"，重点为是否满足"强条"。

然而设计质量不是靠规范就能保证的，制定规章容易，执行起来成本却不小，本来应该由设计单位承担的质量责任，现在多了外审单位和政府行政部门，责任分散意味着难以追究。伴随二十年的房地产发展，"强条"和施工图审查的规章也不断修订。2017年，国务院推进简政放权、优化服务改革，取消了部分行政审批事项，包括县级以上人民政府建设行政主管部门对施工图审查不再具有法定义务和责任；原先的消防和人防单独审查合并到了施工图文件审查中；施工图审查只针对涉及公共利益、公共安全和"强条"的内容。

二、建筑设计规范的分类

1. 防火规范是法律

消防设计产生的责任是建筑师最主要的法律责任之一，可以说"消防无小事"，在消防安全面前，其他一切问题都要让路。《建筑设计防火规范》（GB 50016—2014）全文都是加粗黑体字，具有法律属性，是必须强制执行的。

然而任何法律都有局限性，伴随着项目规模的扩大，消防技术和设备的不断进步，防火规范也经历了多次修订。早期分为"低规"和"高规"，高层、超高层建筑的定义就是根据消防登高的能力和安全疏散的措施进化确定的。大规模商业、超高中庭、更深的地下室、新能源汽车的出现等都不断给消防措施提出一次次挑战。现行的《建筑设计防火规范》（GB 50016—2014）刚发布，就修订了两次，最新版是2018年版。而就在我写作本书期间，住建部又发布了《建筑防火通用规范》（GB 55037—2022），2023年6月1日实施，全部为"强条"，同时《建筑设计防火规范》（GB 50016—2014）等几本消防法规中的"强条"全部作废，但通用规范中未涉及的内容仍然执行。另外，对原有规范中一些内容又一次进行了修订。

那么，现实项目如果超出规范怎么办？上述规范规定："建筑高度大于250m的建筑，除应符合本规范的要求外，尚应结合实际情况采取更加严格的防火措施，其防火设计应提交国家消防主管部门组织专题研究、论证。""摸着石头过河"的方法有效保证了法律执行的二元平衡，在遇到个别特殊案例时，允许特事特办，在足够的安全措施前提下鼓励技术进步。

当下房地产热潮已过，新建项目减少，城市更新改造项目占据主导，因为改扩建导致的消防事故常有耳闻。改造项目的重点是对既有建筑做好调研和评估，改变使用性质、增加面积、改变结构都要特别注意评估原有消防措施是否够用，如果不够就要仔细研究如何升级才能保证安全。

2. 大多数规范是参考

除了防火规范以外的大多数设计规范，都是提供的参考和建议，目的不是做好设计，而是避免设计无法使用，数值上也会给出一定范围或极限值。我们可以从语气上区分严格程度："宜""不宜"是比较宽松的；"应""不应"，就要更严格一些，有些甚至是"强条"。如"商场、体育馆、学校、观演建筑卫生间男女厕位比例不宜小于 1∶1.5 或 1∶2""室内坡道坡度不宜大于 1∶8，室外坡道坡度不宜大于 1∶10""楼梯每个梯段踏步数不应少于 3 级，且不应大于 18 级""屋面坡度采用结构找坡时不应小于 3%，采用建筑找坡时不应小于 2%"等。

初到设计院参加施工图设计，你可能会发现，有些前辈总习惯用规范数据去"卡"设计，或者拿到一个方案设计任务，上来就先翻规范……对于刚刚走出校园的实习生来说，规范是陌生的，因为学校里一切设计作业几乎都没有法规限制，乍一听到那么多法条立刻就懵了——自己怎么啥都不会？施工图好难！先不用紧张，那些言必称规范的前辈你千万不要羡慕，更不要模仿，他们大概率方案能力都很差。规范属于法规范畴，背法条不是目的，法规是辅助设计的，如果靠背规范就能做出设计，甲方还找设计院干什么呢？而且甲方对设计院总是用"规范不允许"作为理由也是很反感的。设计院作为专业内行，甲方要从你那里得到的是解决方案，如果你只知不可行，而不知什么才可行，就很难得到信任，继而逐渐失去话语权、委托机会和设计费。

因此，我们必须要对规范有一个正确的认识，才能用好规范，不至于被规范束缚。

三、如何正确看待设计规范

1. 法律和规章制度的滞后性与局限性

法律制定是严谨的，有严格的流程和审核制度，因此从决定制定到颁布实施的周期比较长，往往实施的时候已经滞后了，而且随着经济发展，新问题也层出不穷，当发现问题再去制定法律规章已经严重滞后了，强制性规范就是典型的严重滞后。滞后性是法规先天的不足。

另外，法规发挥效力的前提是被管理人的行为可监督，监督需要成本，而且实践中也无法完全做到。施工图审查制度由产生到部分取消就说明了这个道理。

基于上述原理，小到设计规范，大到国家法治，必须依靠德治对冲其副作用，才能达到最好的平衡效果。具体到设计上来说，就是从高校开始，学生除学习设计构思技巧外，还要长时间、大规模、多角度进行设计合理性与责任感的设计职业道德教育，使其深入每个人的潜意识。

我们日常所见诸多不合理的、甚至坑人的设计无不贴着"以人为本"的标签，比如卫生纸在马桶后面；游泳池更衣室多处高差；西立面用玻璃幕墙；火车站候车大厅入口的大台阶；卧室没有衣柜……可见，我们绝大多数建筑师都没有换位思考、从使用者角度考虑需求的习惯和意识，高校教育还有待大幅改善。这就是前文我说主张学徒制提到的，除了学技术，更重要的是学习如何成为一名合格的建筑师，学习设计如何尊重人的需求——真正做到"以人为本"。

2. 规范不应约束时代进步

记得小时候父亲对我的教育和其他家庭比起来是比较宽松的，很少指责批评，更多时候是"暗中观察"，就像是桥上的栏杆，只要我不触碰"警戒"，很少干涉，尽量让我自己做主。比如我刚上学时回家写作业，父亲会在我身后观察而并不说话，后来只要我每天能按时睡觉，他都不会主动检查作业。有一次我被一道题难住无法按时睡觉，父亲才主动过问，发现是题出错了……

设计法规初心为的是约束极端不合理的设计出现，也应该像栏杆一样，表面看是约束，实际是保护设计人。制定者应避免权力过度扩张导致规范过多而成为紧箍咒，设计人也应辩证使用，不要盲从，将其当作不负责任的免死金牌。

我就曾遇到过声称"规范、图集错了也要执行"的牛角尖，奉劝各位读者切勿模仿，因为对错标准尚且忽左忽右，法规本身更不是一成不变。一种常见的减轻其滞后性负面影响的做法就是不断修订。比如防火规范的例子，不但修订，还有特例的处理，这样才会不断进步，钻牛角尖很容易被打脸。

我国早期制定的规范主要是借鉴西方国家，后来结合我们自己的实际案例总结的，我也遇到过相对落后的国家根本没有设计规范，这一点都不奇怪。所以我们应该了解规范是怎么来的：历史背景、经济状况、适用前提条件是什么等，知其所以然，才能真正理解和更好运用，比如本书前面讲过屋面排水坡度 2% 的由来。

3. 不应以"不违规"为设计目标

规范是"栏杆"，你走在桥上，只要不触碰栏杆，就可以安全通过，没有一个唯一路线。设计的难是因为答案不唯一，"好"只是相对的。规范条文是一个个离散的"点"，只涉及安全和基本需求（图 8-1），我们无法从规范中找几个数据就拼凑出设计方案。一个好设计必然要遵守法规，但仅仅遵守法规却不等于是好设计，合法只是做好设计的必要而非充分条件。合理、合法是方案及格线，合法有规范，是硬指标，合理是软实力，使用者的体验才是评判标准。

比如建筑入口有高差，为满足无障碍要求设置轮椅通行坡道的做法是符合规范的，但从无障碍设计的本质来说，最好的设计不是设置坡道，而是使用缓坡消除高差，并配合大雨篷防止雨水进入室内。

特别提醒已经有多年施工图经历的建筑师，不应以"不违规"为设计目标，否则永远无法成为一名合格建筑师。

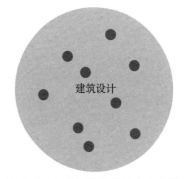

图 8-1　规范只涉及设计内容中的少数"点"

小　结

（1）设计规范分为强制性的和参考建议性两大类。

（2）设计规范具有滞后性和局限性，有特例也常修订。

（3）设计规范不应约束时代进步，我们要知其所以然，才能更好利用规范辅助设计，而不被其束缚。

（4）不应以"不违规"为设计目标。

？思考题

1. 消防规范属于哪一类设计规范？

2. "不违反规范就是合格的设计"这个说法对吗？为什么？

3. 面对设计规范的滞后和漏洞，甚至是错误，建筑师应该怎样做？

第二节 构造图集与技术措施

一、构造图集

（一）国家与地方标准

1. 地方标准不应低于国家标准

一般来讲，国家标准考虑到各地不同情况，是最基本的标准。有条件的地区所制定的地方标准都要高于国家标准，比如北京习惯使用"华北标"（图 8-2）。

图 8-2 国标与华北标构造图集样例

2. 实践中总结，落后于实践

构造图集的初衷是为设计者提供便利，可直接引用，节省大量重复设计。与规范类似，从实践积累数据案例，到组织编写、审批、出版、发行要经历很长时间，所以常常落后于实践，很多做法、材料都已过时。而且，既然是通用的，对一些特殊工程就未必适用。

3. 不是规范，仅供参考

构造图集与规范不同的是，它不是法规，仅供参考，更加鼓励超越。当读者掌握了构造原理时，完全可以自己发明做法，很可能更加适用于具体工程。

4. 常有错误

受各方面条件制约，图集也常有错误。比如，前面卫生间详图章节提到的无障碍卫生间的门；曾经有学员拿当地楼梯图集来问我，图集上地上地下分隔墙的画法对不对，我让他去看自己办公楼的楼梯，对比之下，他发现图集是错的。

（二）厂商样本

1. 最新技术

相对于标准图集，各材料厂商往往都针对自家产品配有构造做法，比如门窗、屋面、保温材料等。这些都是与最新材料相匹配的最新构造技术，最有针对性。

2. 进入国标有时间滞后

厂商的构造做法尚未进入国标不说明不可以用，更不是错误。为保证国标的严肃、严谨，最新构造技术在进入国标之前都需要大量实践案例数据积累，也需要经过论证，时间上一定是滞后的，而且可能滞后七八年。所以，只要有一定数量、时间的工程实践案例，基本就没问题。

比如前文提到的水泥基渗透结晶型防水材料，20世纪90年代末贝聿铭先生推荐在中国银行总部大厦项目使用，当时国内还没有案例，但在西方已经有不少工程实践了。等到进入国标和地标图集已经是七八年之后了（图8-3）。

图8-3 水泥基渗透结晶型防水构造厂商图集与国标、地标图集

3. 鼓励多学习

鉴于上述原因，我强烈建议读者多学习厂商免费提供的建材资料与构造做法，并将好的材料推荐给甲方，使其有机会参与投标，在现有机制下推动新技术发展。

二、技术措施

（一）性质

技术措施全称为《全国民用建筑工程设计技术措施》，它按专业划分，不是规范，有些类似学校教材的辅导材料——教参，是指导民用建筑工程设计为主的技术文件，目的是提高设计质量和效率，可参照使用（图8-4）。

图 8-4 技术措施

（二）内容

目前的最新版本仍然是 2009 版，其中部分规范尚未更新，使用时应注意。技术措施主要内容包括：

（1）施工图设计涉及的细部和构造设计。

（2）部分规范的解释和实际应用措施。

------------------------------ 小　结 ------------------------------

（1）构造图集是施工图设计的重要参考书，但会有错误，也往往比较过时。

（2）厂商提供的最新构造技术虽然暂未纳入国家或地方标准，但不代表是错误的，鼓励多学习了解，大胆采用。

（3）技术措施不是规范，也是施工图设计的参考书之一，主要涉及细部和构造设计，包含部分规范的解释应用。

思考题

1. 厂商提供的构造做法暂未纳入国标，能采用吗？

2. 面对国标或地标图集的滞后和漏洞，甚至是错误，建筑师应该怎样做？

第四篇　预备进阶

第九章　工程建设程序及设计流程

第一节　一般工程建设程序与房地产开发程序

一、什么是基本建设和建设程序

（一）什么是基本建设（"基建"）

1. 基本建设的定义

基本建设是指国民经济各部门中固定资产的再生产以及相关的其他工作。即把一定的物质资料，如建筑材料、机械设备等，通过购置、建造和安装活动，转化为固定资产，形成新的生产能力或使用效益的过程。

从这个定义中不难发现，基本建设的本质是把一些不同的固定资产经过人为的整合，转化为新的固定资产的过程。同样属于固定资产，但经过加工，就产生了新的用途（图 9-1）。从经济学的角度来说，这个过程满足了新固定资产使用者的需求，增加了他们的财富。

图 9-1　基本建设

2. 基本建设的特点

基本建设具有以下几个特点：

（1）建设周期长，物资消耗量大。

（2）涉及面广，配合协作，立体交叉，空间作业，综合平衡复杂。

（3）建设地点固定，不可移动。

（4）整个建设工程要求不间断、连续施工。

（5）建设项目有特定的目的和用途，只能单独设计，单独建设。

在此需要强调的是"地点固定"与"单独设计"——每个工程项目都是唯一的、定制的，原因在于场地的独特性，所谓"因地制宜"。即使住宅户型基本类似，但场地不同，也不能说是相同的。这就是为什么我非常反对房地产企业将出售的住宅称为"产品"，住宅与流水线上生产的、可大批复制的工业产品有着本质区别：房地产的核心是"地"，房子只是一堆"砖头"，土地是资源、是资产，由于我国目前土地是公有的，多数人容易忽略"地"的价值；工业产品无论在哪里销售、谁来使用都是同一个东西。

另外，从项目管理角度讲，由于每个项目的独特性，使其建造成本很难准确衡量与评估，可比性差。

（二）什么是建设程序

建设程序是建设项目从规划、设想、选择、评估、决策、设计、施工到竣工投产、交付使用的整个建设过程中，各项工作必须遵循的先后顺序（图9-2）。

建设程序周期漫长，从计划到结果存在太多变数，因此过程中的"控制"就非常重要。这样那样的问题总会出现，关键是如何快速发现问题，及时纠偏，这需要完善的机制。谁来担任这个控制的角色呢？中西方的理念存在很大差异，下面我们就来简单介绍我国和西方的建设程序。

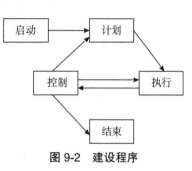

图9-2　建设程序

二、西方工程常规建设程序

（一）西方工程建设特点

西方工程建设特点是以建筑师为核心。为什么只有建筑专业设计人员称为"建筑师"，而其他专业则称为"工程师"？就是因为在建筑从设计到营造过程中，建筑师都是技术和管理的核心，责任和权力都很大，当然相应地，知识面和能力也要求十分全面（图9-3）。

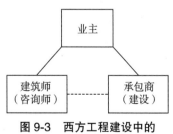

图9-3　西方工程建设中的三边关系

195

西方工程常规的建设程序都是市场化的，很简单，即设计—发包—建设三个步骤。

（二）英美常规建设程序（表 9-1）

表 9-1　英美常规建设程序

美国常规建设程序	英国常规建设程序
1. 设计前期工作 2. 场地设计 3. 方案设计 4. 设计发展 5. 施工文件 6. 招标或谈判 7. 施工合同管理 8. 工程后期工作（按建筑师服务范围）	1. 立项或任务书 2. 可行性研究 3. 设计大纲或草图规划 4. 方案设计 5. 详细设计或施工图 6. 生产信息 7. 工程量表 8. 招标 9. 合同：项目计划施工竣工验收及工程反馈

三、我国现行建设程序

（一）我国现行工程建设特点

1. 政府主导

我国现行工程建设特点是政府控制力度大，市场化程度低，每一步都需要政府部门审批（图 9-4）。

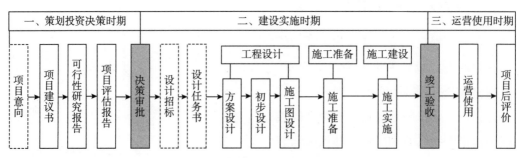

图 9-4　我国现行工程建设程序

在整个建设过程中，我国建筑师对材料没有决定权，这也是与西方的一个主要区别。

2. 前期论证、后评价系统欠缺

（1）前期策划真的可行吗？

前期策划阶段对项目的整个生命期、实施和管理起着决定性作用，应对构思、目标进行论证。现实中却存在可行性报告通过了，但项目实施后却问题百出的情况，造成巨大损失，比如很多房地产项目。

（2）什么是使用后评价？

使用后评价应形成一套规范化、系统化的程序，具体包括以下内容：

1）收集环境评价信息。

2）了解使用者对目标环境的评判。

3）全面鉴定使用群体对设计环境的满意度。

4）汇总信息，为以后同类设计提供参考，提高设计的综合效益和质量。

显然，这一步程序很少被执行，否则不满足市场需求的策划很容易纠偏。

（二）设计竞赛还是设计招标？

设计竞赛对参与者无资质限制，个人或公司均可参加，是纯粹的技术比拼。

2003年，我国发展和改革委员会发布《工程建设项目勘察设计招标投标办法》，设计招标取代了设计竞赛。设计招标需对参与者资质进行审查，除了反映设计水平的技术标，还要看设计报价的商务标。这样，自然人、缺乏相关业绩的小公司就失去了参与资格，境外设计公司也没有单独参与资格，必须与中方设计院组成中外联合体，但在联合体中，中方基本失去设计资格，只能参与施工图。

（三）正常流程是工程项目科学决策、顺利实施的保证

什么是正常流程？——先勘察，再设计，后施工（图9-5）。正常流程是工程项目建设科学决策、顺利实施的保证，现实中出现严重问题的项目都是没有按照正常流程建设的。

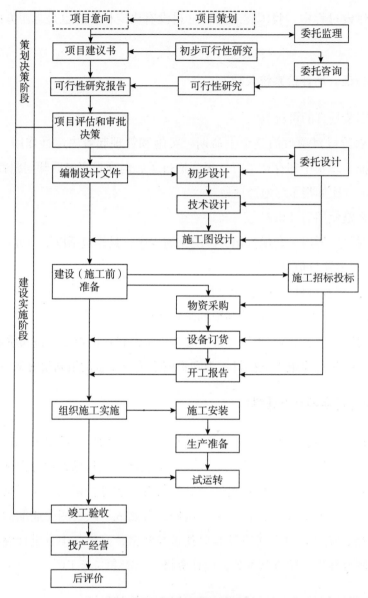

图 9-5　工程建设正常流程

四、我国房地产开发程序

（一）土地属性

房地产的核心是"地"，而不是房。一般居住建筑的设计使用年限是 50 年，而地是永久存在的。在我国，土地属于国有，进行商品房开发时，国有土地是有偿、有限制使用的。

（二）设计方配合房企取得五证

在房地产项目建设中，设计的任务是配合房企按顺序取得以下五个行政许可证，五证齐全后，项目才能进行销售。

1. 建设用地规划许可证（报规）

此证是在土地出让之前确定规划条件（位置、使用性质、开发强度等）申报，规划部门是建筑设计的上级部门，规划条件不可擅自改变。

设计方需要提交总平面图。

2. 土地使用权证书

取得土地使用权证书之前，应已取得建设用地规划许可证。在我国，土地使用权是通过出让或协议方式取得的。土地使用年限规定如下：

居住：70 年；工业、科教文体：50 年；商业、文旅：40 年。

业主取得上述两证，是设计方的设计条件之一。

3. 建设工程规划许可证（报建）

理论上报建需要设计方提交全套完整的施工图。现实中出于各方面原因，报建图与可施工的施工图深度还有一定差距。

4. 开工证

取得开工证需要满足：已取得土地使用权证书、建设用地规划许可证；满足 3 个月施工的施工图，且已通过施工图审查。

大多数情况业主开工时供施工的图纸很可能只有总平面图和结构底板图。单独先出底板图的风险比较大，因为准确计算底板荷载需要在上面所有楼层功能都确定之后，如果不确定，结构为确保安全只好多预留，无形中造成了浪费。业主希望通过"快"节约成本经常欲速则不达。

5. 商品房预售许可证

商品房预售许可证必须在已取得上述前四证基础上方可申请，商品房销售时应向客户出示五证。

小　结

（1）基本建设是固定资产转化成新的固定资产的过程。

（2）项目建设过程中建筑师应具有核心的技术和管理地位。

（3）先勘察、再设计、后施工的流程是项目建设科学决策、顺利实施的保证。

（4）我国房地产开发程序是取得一系列行政许可的过程，建筑师的设计过程就是配合开发商取得"五证"。

第二节　设计流程与设计文件编制

一、设计流程与各阶段设计内容

（一）设计前期

前一节我们介绍了我国基本建设的程序，了解到工程项目设计是建设程序的一个组成部分，在开始设计之前需要进行很多准备工作。从开始有建设意向，到完成设计任务书编制，选择设计单位之前的这个阶段统称为设计前期。

设计前期的设计内容包括项目建议书、可行性研究报告（含投资估算）、项目评估报告。

设计前期工作的重要意义在于投资决策，决策的准确性直接影响到项目能否成功。成功的标准有两个：一是项目满足需求；二是能够盈利，通俗地讲就是好卖、能回收资金并且有利润。理论上工程项目投资巨大，资金回收周期又很长，这个阶段应该十分慎重，应反复论证计算。然而多年实践发现，一方面可行性研究报告几乎从来没有出现过"不可行"的结论；另一方面，不能满足需求、卖不出去、质量差的工程却存在，尤其是在小城市。这说明这些项目的设计前期工作流于形式，并没有对理性决策起到什么作用。为什么会这样呢？

有些心理学常识的话就很容易理解。人都是主观的，对信息吸收都具有选择性的倾向。当决策者有着强烈的项目上马的愿望时，会接收到"项目应该建设"的信息，而不利的信息容易被屏蔽。好比买了某只股票的人，自然会关注那些说该只股票会上涨的信息。现实中存在很多甲方决策错误导致的项目用地存在缺陷或建设中遭遇灾害的案例。我的父亲寿震华也帮助过很多业主扭转过住宅项目错误的定位决策。可见，专业建筑师如果能在项目前期更多参与，就能够利用专业知识对业主的正确决策起到很大作用。可惜的是，有咨询专家意识的业主比较少，我国的建设流程特点也导致了大部分项目建筑师很少参与前期意见。

（二）方案设计阶段

方案阶段设计正式开始，这个阶段通常只有建筑专业、建筑师参与，其他专业基本不参与。提交报批的设计文件包括设计说明、总图、建筑图纸（平、立、剖面）和效果图。

在整个漫长的设计周期内，方案的重要性就像是电影剧本，有没有一个好故事是拍摄好电影的前提。同样，一个成熟的建筑方案是后期设计深化的良好开端。本书前面多个章节已经多次强调过，并且有很多案例证明了：开不好这个头，将给后期的深化、施工、运营带来无穷隐患，尤其是没有实践经验的毕业生主创所做的方案。

（三）初步设计

初步设计源于苏联的设计体系，又称为"技术设计"，在美国称为"Design Development"（设计发展）。实践中发现，"设计发展"的深度不及初步设计，比起方案深化得不多，但初步设计除了没有详图以外，其深度要求基本等同于施工图。

初步设计的目的是在正式进入施工图设计之前，把各专业的主要技术方案确定好，进入施工图后不至于方案性的返工。这个阶段仍然以建筑专业为主，其他专业根据建筑方案确定本专业的技术方案，主要工作内容包括以下几个方面：

（1）各专业说明（含专项说明，如节能、环保、绿建、人防、装配式等）。

（2）图纸：总图、建筑平、立、剖面。

（3）设备材料表、工艺流程。

（4）确定主要技术措施：结构体系、机电系统等。

（5）初步设计概算。

在我国，有些中小工程，尤其是房地产项目，抱着急功近利心态，经常略过初步设计而直接进入施工图，从前期、到方案、再到初步设计，一次次失去了决策纠偏的机会，最终导致资源错配、项目失败。

（四）施工图设计阶段

施工图设计，在美国称为"Construction Design"，全世界的施工图深度标准都是各专业所有设计文件，必须满足设备材料采购、招标和施工的要求。

1. 设计内容

施工图设计内容包括以下几个方面：

（1）各专业设计说明。

（2）各专业图纸（大量详图）。

（3）设备材料表。

（4）计算书。

（5）专项设计（节能、绿建、装配式、结构超限、设备控制、幕墙、基坑支护、智能化）。

（6）施工图预算。

2. 分批次出图

前面我们讲过，施工图设计周期长、工作量大、修改多，对于大工程而言更是如此，期间存在很多变数，所以施工图一方面要满足施工，另一方面还要满足报审，尤其是房地产项目，二者在时间、深度、内容上还不一定重合，结果就是设计院需要出好几版不是用于施工的施工图。这是被动适应环境的无奈之举，的确要多消耗不少成本。不过在施工图阶段改方案的大背景下，这种方式倒是给方案完善争取到了一些时间，可以一遍遍修改，否则怎么算都是"不可能完成的任务"。

分批次出图可能包括以下几方面内容：

（1）报建图（供报批建设工程规划许可证）。

（2）报审图（供施工图审查）。

（3）招标图（供施工招标）。

（4）真正施工图。

（5）改版图。

（五）施工配合阶段

施工图出完并不是完事大吉了，施工配合大约占到施工图设计工作量的10%。我们要配合施工过程中各项材料与设备的招标，进行技术交底，还有可能因工艺、材料等因素所限进行设计变更。对于一些大型公共建筑，比如旅馆、体育馆、医院等，运营方可能会提前介入，他们也可能会不断提出修改意见和要求。另外，还要与室内装修、景观园林等相关专业或单位一起同步工作，协同设计。

这个阶段主要工作内容包括以下几方面：

（1）承包商管理（配合招标、技术交底）。

（2）审核材料及加工详图。

（3）设计变更。

（4）验收。

二、设计文件编制

（一）设计依据

任务书是重要的设计依据，但不是唯一的依据，除了任务书之外，根据《建设工程勘察设计管理条例》规定，还需要以下设计条件作为依据：

1. 项目批文

根据我国建设程序，每个阶段都需要行政部门审批，在进行下一个阶段设计之前，应首先取得上一阶段的政府批文，以保证前一阶段设计的有效性及合法性。

我们常常不得不在施工图设计说明中强调，只有取得一切审批文件后，施工图方可作为施工依据。

2. 规划

前面章节我们介绍过，先有规划后有建筑，建筑是城市规划的一部分。控制性详规（简称"控规"）是建筑设计的依据之一，它明确了某个用地范围内的具体设计原则，是区域规划设想具体落实的体现。"控规"中会规定：不同性质用地界线（即红线）、建筑类型、各地块建筑的控制指标、公共设施配套要求、道路交通要求、建筑后退红线距离、市政工程管线等，还会提出各地块建筑体量、色彩、体形等城市设计原则。

3. 强制性标准

前文已有详细讲解，此处不再赘述。

（二）设计深度

设计深度的要求可参照《建筑工程设计文件编制深度规定》。在最新的 2016 年版本中，除了规定各设计阶段设计文件应包含的设计内容和深度外，还增加了专项设计，包括节能、绿建、装配式、结构超限、设备控制、幕墙、基坑支护、智能化。专项设计是指导性的国家政策的体现。

（三）设计修改

首先，建设、施工、监理单位不得修改施工图设计文件，应由原设计单位进行设计修改或经原设计单位书面同意，建设单位委托其他相应资质单位修改。

施工图的局部设计修改，一般不需要重新出改版图，只需要进行设计变更（洽商），将需要修改的局部标记出来即可。设计变更必须由设计方、施工方、业主方等多方签字盖章后方为有效。

（四）新技术、新材料的审定

鼓励在设计中使用新技术、新材料。当遇到无国家标准时，应经过检测、试验、论证、审定后方可使用。

小　结

（1）设计流程大致分为设计前期、方案设计、初步设计、施工图设计、施工配合几个阶段。

（2）设计文件编制中要注意设计依据、设计深度、设计修改及新材料和新技术应用都应符合国家相关法规。

第十章 专业间的关系与配合

一、专业间的关系

前面章节我们简要介绍了民用建筑专业分工与合作的概况，以及各专业的设计内容。下面再来复习一下各专业的关系，如图 10-1 所示。

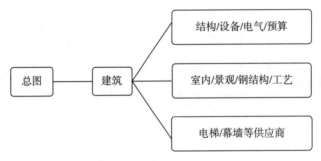

图 10-1 民用建筑各专业关系

本节我们主要介绍土建施工图设计阶段最主要的建筑与结构、设备（暖通、给排水）、电气（强电、弱电）专业的配合。

（一）"建筑师"与"工程师"的区别

1.建筑师是核心

前面章节提到了建筑师是设计建造的技术与管理核心。一方面，建筑师是方案设计者，方案的重要性类似剧本，好剧本是一部好电影的基础；另一方面，建筑师是工程建设过程的统筹管理者。仍然用电影来类比，在电影拍摄过程中，导演是核心，要统筹剧本，演员，场景、服装、道具、录音、后期制作等各技术部门，在工程建设中，建筑师也要统筹深化方案、构造设计、专业配合、控制施工、材料等，还要亲自制图，仍然是核心。

2. 工程师是建筑师的分包

在西方，大多数事务所是分专业的，建筑师接到设计任务完成方案后，到施工图阶段要寻找配合的各专业事务所，所以各专业事务所不是从业主那里获得任务，而是建筑师的分包。

从造价角度看，各专业负责的是整个项目的各"分部工程"。

（二）各专业为建筑服务

1. 各专业目标

结构、设备、电气专业的全称应该是"建筑结构、建筑设备、建筑电气"，他们的目标是配合建筑专业实现方案。

2. 建筑师是龙头

既然大家都为配合建筑师实现方案而来，建筑师就应该是主导、龙头，必须主动担当协调管理的责任，时刻不忘最终目标。因此，建筑师应具备各专业基本概念，才能不被其他专业所牵制，否则就被动了。

3. 建筑师必须能力全面

一名成熟的执业建筑师（已取得注册资格），需要十分全面的能力，应能够控全局、抓重点、懂取舍、善协调（管理能力）。"三军易得，一将难求"，作为统帅，既要一定的天赋，又要经过长期积累和训练。

（三）配合方式

各专业配合的方式包括互提条件、管线综合，以及对图会签。专业配合贯穿整个设计、施工全过程，而且是双向的互动，当然建筑专业必须主动（图 10-2）。

图 10-2　建筑与其他专业配合图示

二、专业配合主要内容

由于本书主要面对刚刚接触施工图的毕业生、实习生，我们仅对配合内容做概括介绍，具体繁杂的细节会因项目类型、规模、地区等有很大差异，此处暂不赘述，读者可结合工程实践去深入学习。

（一）结构

1. 结构类型（表 10-1）

表 10-1　结构类型分类

分类方式	结构类型
施工工艺	现场建造、预制专配、现场建造与预制结合
主要承重材料	生土、木、石、砖砌体、钢筋混凝土、钢、钢 - 钢筋混凝土、混合
承重方式	砌体、框架、框架 - 剪力墙、框支剪力墙、剪力墙、筒体、钢支撑 - 混凝土、悬挂

另外，复杂的超高层和大跨度的建筑结构选型，还有其细分的多种类型。

2. 结构布置与构件尺寸

常见普通建筑的结构类型在方案时基本可以敲定，结构专业在施工图阶段要进行结构布置和承重构件尺寸计算。

垂直构件包括基础、柱、剪力墙；水平构件包括梁、板、楼盖、屋盖、楼梯等。结构专业要对这些承重构件的位置、形式、尺寸、标高、开洞进行计算和设计。

影响构件尺寸的因素包括建筑方案、地基、荷载、跨度、材料、结构形式、抗震设防烈度等。建筑师对承重构件应有基本尺寸概念，包括柱径、墙厚与层高、总高的关系；梁高、板厚与跨度的关系等。

建筑师与结构工程师协调的重点往往在于同样荷载、跨度、抗震设防条件下，如何减小构件尺寸，达到增加层数、面积，减少成本的目的。一般可以从调整建筑方案、结构形式，改变材料、材料力学特性、材料组合等方面考虑，比如预应力混凝土、钢骨混凝土。

视频详解：预应力应用实例

3. 变形缝

建筑形体在外界环境作用力，如重力、风力、地震、温度变化等作用之下，各部分之间会继而产生内力相互作用，结构工程师就会将建筑形体各部分拉开缝隙，分成几个独立的结构体，以减小建筑因内力作用产生的变形给建筑自身带来的破坏。常见变形缝如下：

（1）伸缩缝。

伸缩缝的作用是防止温度变化产生的变形内力对建筑造成破坏，长度达到一定程度的建筑都必须设置，但只有地上部分需要设置，因为地下温度变化非常小。

（2）沉降缝。

同一建筑高度非常悬殊的不同部分产生的沉降量不同，造成内部剪力，沉降缝是用来防止此种情况对建筑造成破坏，因此沉降缝需要上下贯通。不过如今基本可以用后浇带代替了。"后浇"的意思是等到高低不同的部分沉降基本都停止后，沉降缝已完成使命，将其用混凝土浇筑填充，最终沉降缝就不存在了。

（3）防震缝。

地震对建筑的破坏主要在水平方向，在水平力的作用下，不规则的建筑形体之间会相互错动拉扯，对建筑产生破坏。防震缝的作用是将比较不规则的建筑分成独立的几个规则的部分，因此也需要上下贯通。这个缝是永久的。

（4）"缝"是防水的天敌。

对建筑来说，"缝"是防水的天敌，尤其是地下。我们要和结构专业密切配合，尽量减少缝的设置。

4. 抗震要点

建筑和结构专业对建筑设计的出发点不同，建筑更多考虑功能和美观，而对结构专业来说，保证建筑的安全是他们的职责，不规则的造型美不美暂且不论，对结构来说是天生的不稳定因素，尤其对抗震非常不利。

（1）震级与烈度。

首先，应了解震级与烈度是两个不同的概念，震级用来描述地震的能量，而烈度是指地震带来的破坏程度，当然二者之间是有关联的。比如北京的抗震设防烈度是8度，对应震级是6.4级；唐山大地震是7.8级，汶川地震是8级。

（2）抗震目标。

小震不坏、中震可修、大震不倒。

（3）抗震有利因素。

抗震最关键的是整体性强，就像鸡蛋壳，虽然薄但整体性强，均衡外力很难打破。形体规则、对称整体性就强，但除了住宅，公建很难做到。

（4）抗震不利因素。

其包括平面不规则、竖向刚度突变、开大洞、错层等（图10-3、图10-4）。

（5）构造措施。

其包括防震缝，不同方向剪力墙、圈梁、构造柱等。

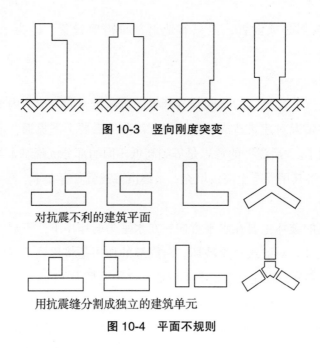

图 10-3　竖向刚度突变

对抗震不利的建筑平面

用抗震缝分割成独立的建筑单元

图 10-4　平面不规则

5. 构造

建筑上的构造设计需要结构提供支点，具体包括：

（1）门窗、幕墙、栏杆扶手、吊顶、灯具等需要结构受力的部位。

（2）电梯机房、擦窗机、机电用房等的设备基础。

6. 建筑师应理解掌握的重要结构概念——任何构件都必须有支点

（二）机电

我们习惯将设备专业（暖通及给排水）和电气专业统称为机电专业，其关系到建筑的使用功能，即好不好用。

1. 机电用房

各种机电用房按照位置可分为地下集中布置的机电用房和地上分散布置的机电用房两种。

地下：制冷机房、锅炉房、热交换机房、变配电室、柴油发电机房、消防控制室、消防水泵房、消防水池、生活水池、污水泵房、中水机房、送风与排风机房、排烟机房等。

地上：空调机房、新风机房、管井、强弱电间、水箱间等。

地下集中布置的机电用房层高一般在 5~6m。

2. 核心筒

地上部分的机电用房大部分集中在核心筒（图 10-5）。由于竖向交通在每层的位置基本不变，而机电管线也需要上下贯通，地上的机电用房通常会和竖向交通结合布置，形成核心筒。因此，做方案时核心筒内除了电梯、楼梯、卫生间以外，应预留一部分面积给机电设备间和管井。

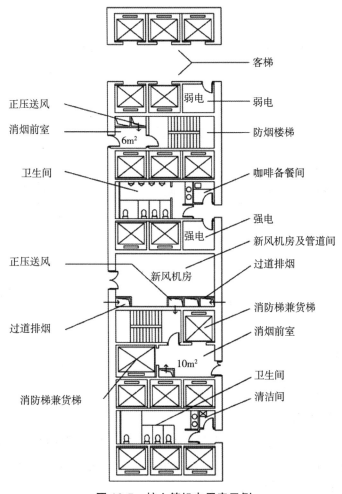

客梯

弱电

防烟楼梯

咖啡备餐间

强电

新风机房及管道间

过道排烟

消防梯兼货梯

消烟前室

卫生间

清洁间

正压送风

消烟前室

卫生间

正压送风

过道排烟

消防梯兼货梯

图 10-5　核心筒机电用房示例

3. 消防系统

机电专业的消防系统都是以防火分区为单位布置的，这就是为什么平面图要附

带防火分区图。一旦平面功能改变，防
火分区也大概率得跟着变，机电系统就
都要修改，从一个侧面反映出施工图修
改"牵一发而动全身"。

视频详解：消防联动系统介绍

关于消防设计，读者应明确一个火
灾假设：

一栋建筑的消防设计只考虑同一时间一个防火分区起火。

设置防火分区的目的，是避免火灾快速蔓延。

消防联动系统设置需要建筑与机电专业配合（图 10-6）。

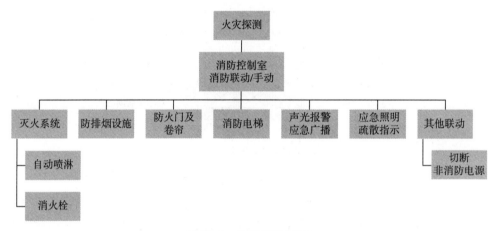

图 10-6　消防联动系统

4. 管线通路

机电管线的通路在哪里？——走廊。

（1）走廊的双重作用。

走廊地面是交通通道，吊顶则是管线的通路。如果建筑师布置房间时缺乏机
电的概念，到了施工图阶段管线在吊顶内走不通，就只能穿房间而过了，这当然是
建筑师不希望的，但却是我们自己造
成的。

（2）走廊要环通。

视频详解：走廊环通实例

方案平面布置时，特别忌讳走廊出
现尽端路，而一定要环通。一方面是满

足双向疏散，避免袋形走廊；另一方面给管线提供通路，避免管线穿房间（图 10-7），这又是施工图设计方面的经验。

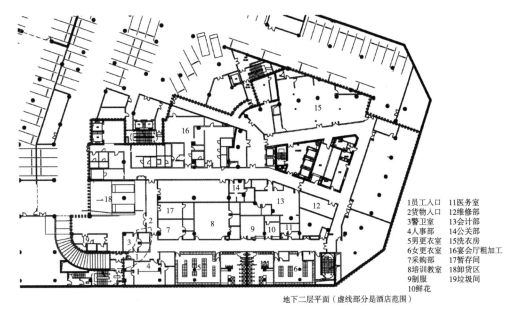

1员工入口　11医务室
2货物入口　12维修部
3警卫室　　13会计部
4人事部　　14公关部
5男更衣室　15洗衣房
6女更衣室　16宴会厅粗加工
7采购部　　17暂存间
8培训教室　18卸货区
9制服　　　19垃圾间
10鲜花

地下二层平面（虚线部分是酒店范围）

图 10-7　北京金融街丽思卡尔顿酒店地下二层平面

5. 设备层

设备层是管线集中、转换的地方，常见于旅馆客房层与大堂之间和医院手术室的上方，可以避免客房层大量卫生间管线穿越大堂，或大量管线和设备集中于手术室吊顶内，万一管线设备出现故障爆裂，也不会使下面的空间遭受破坏性的影响。

2.2m 层高以下的设备层是不计入建筑面积的，所以旅馆设备层的层高通常都是2.2m，而医院手术室的设备层则不受此限。

设备层能不能省？业主经常为了争取在限高内多建层数、多出面积而提出取消设备层，但取消设备层风险很高，建筑师应坚持不妥协，否则一旦出了事故可是由在图纸上签字的建筑师和工程师负责。

三、交圈与会签

前文提到会签可以促使专业间对图、协调，是保证专业交圈的重要手段。建筑师除了分别与各专业配合外，还要主动担当专业之间的协调人，避免各专业之间的冲突。

（一）结构与机电的冲突

净高的问题是结构和机电最容易冲突的地方。业主当然希望在尽量低的层高里满足尽量高的净高，这就需要各专业通力合作，往往需要工程主持人建筑师主动召集大家讨论方案，考虑功能、面积、结构形式、管线排布和路径、隔声、省料等多种因素，确定哪个专业让步，哪种方案性价比最高。

（二）专业间应多面对面沟通

作为工程主持人的建筑师，应该经常主动与各专业沟通，适当时候组织集体对图，互提条件也要反复确认，尤其是工程进度非常紧的时候，各专业都忙于自己的制图，而且其他专业的人员可能同时做几个项目。越是如此，主持人越要经常联系各方，面对面沟通，不要依赖邮件，否则到交图会签时发现大问题就已经来不及修改了。

小 结

（1）其他专业为实现建筑方案服务，是建筑师的分包方。

（2）应掌握专业基本概念；主动与其他各专业沟通、协调，对其进行管理。

思考题

建筑和其他专业的关系和配合要点有哪些？

参考文献

[1] 中国建筑工业出版社，中国建筑学会 . 建筑设计资料集 [M]. 3 版 . 北京 : 中国建筑工业出版社，2017.

[2] 中华人民共和国住房和城乡建设部 . 民用建筑设计统一 标准 : GB 50352—2019 [S]. 北京 : 中国建筑工业出版社，2019.

[3] 中华人民共和国住房和城乡建设部 . 房屋建筑制图统一标准 : GB/T 50001—2017 [S]. 北京 : 中国建筑工业出版社，2017.

[4] 中华人民共和国住房和城乡建设部 . 建筑防火通用规范 : GB 50016—2022 [S]. 北京 : 中国建筑工业出版社，2022.